刘 建 主编

稻麦丰产增效
栽培实用技术

中国农业科学技术出版社

图书在版编目（CIP）数据

稻麦丰产增效栽培实用技术／刘建主编 . —北京：
中国农业科学技术出版社，2015.7
ISBN 978－7－5116－2153－5

Ⅰ.①稻… Ⅱ.①刘… Ⅲ.①水稻栽培－高产栽培－
栽培技术 ②小麦－高产栽培－栽培技术 Ⅳ.①S511
②S512.1

中国版本图书馆 CIP 数据核字（2015）第 137559 号

责任编辑	贺可香
责任校对	贾海霞

出 版 者	中国农业科学技术出版社
	北京市中关村南大街 12 号　邮编：100081
电　　话	(010)82106638(编辑室)　　(010)82109702(发行部)
	(010)82109709(读者服务部)
传　　真	(010)82106650
网　　址	http：//www.castp.cn
经 销 者	各地新华书店
印 刷 者	北京富泰印刷有限责任公司
开　　本	850mm×1168mm　1/32
印　　张	4.875
字　　数	140 千字
版　　次	2015 年 7 月第 1 版　2015 年 7 月第 1 次印刷
定　　价	18.00 元

　　刘　建　男，1965 年生，江苏如皋人。1984 年毕业于江苏省南通农业学校，后获南京农业大学硕士学位，江苏沿江地区农业科学研究所（南通市农业科学研究院）研究员。长期从事耕作栽培、生态农业等领域的研究及农业技术推广与科技服务工作，主持承担了 60 多项科技项目，发表论文 90 多篇，主编（编著）出版著作 12 部，获省部级多项科技成果奖。现为江苏省特粮特经高效生产模式创新团队首席专家、江苏耐盐植物产业技术创新战略联盟副理事长、江苏省农学会理事、江苏省作物学会理事。获"江苏省有突出贡献的中青年专家"、"江苏省优秀科技工作者"、"江苏省兴农富民工程优秀科技专家"等称号。

魏亚凤　女，1970 年生，江苏如东人。1991 年毕业于江苏农学院（扬州大学）。江苏沿江地区农业科学研究所耕作栽培研究室副主任、副研究员，现主要从事耕作栽培研究及农业科技推广与技术服务工作。获"江苏省'333 高层次人才培养工程'第三层次培养对象"、"南通市青年科技奖"、"南通市'226 高层次人才培养工程'中青年科学技术带头人"等称号。

杨美英　女，1966 年生，江苏张家港人。1987 年毕业于江苏省南通农业学校，后获本科学历。江苏沿江地区农业科学研究所副研究员，主要从事耕作栽培研究及农业科技推广与技术服务工作。获"南通市优秀科技工作者"称号。

前　　言

　　水稻小麦两熟制是我国长江流域粮食产区的主体耕作制度，对于保障粮食安全具有重大意义。推进水稻小麦两熟制农田的集约化生产和生态化建设，确保稻麦高产、优质、安全、高效四大目标的有机协调，是现代稻麦产业发展的重要任务，也是面向稻麦产区广大农村和稻麦种植户开展技术推广、科技普及和咨询服务的重点。

　　地处长江下游的江苏省，水稻小麦两熟制生产的季节紧，稻麦作物产量和产出效益的要求高，稻麦秸秆生态化处置的任务重。本书针对该区域的温光水等资源特点，根据稻麦生产实际和产出要求，结合近几年相关课题的研究成果和从事农业综合开发科技推广工作过程中的实践积累，系统地介绍了水稻机插高产栽培技术、水稻塑盘旱育抛栽技术、水稻肥床旱育壮秧高产栽培技术、麦秸机械还田轻简稻作技术、有机稻栽培技术、稻茬小麦免少耕机械条（匀）播栽培技术、稻秸机械还田小麦高产栽培技术、稻田套播小麦高产栽培技术、晚播小麦独秆栽培技术和稻麦互套式耕作秸秆还田高产栽培技术。围绕上述的十项实用技术，在其内容讲授上突出区域性和时效性，力求实用和可操作性。

　　虽然我们在编写过程中付出了很多心血，但由于水平和各种条件的限制，书中肯定有不少的疏漏与不妥之处，敬请读者指正。本书的编写和出版，得到了"十二五"国家科技支撑

1

计划项目"长江三角洲集约农区循环技术集成与示范"（2012BAD14B12）、江苏省农业自主创新基金项目"稻田条带耕作低碳生产及周年高产关键技术研究"［CX（12）3030］等资助。同时，本书在编写过程中，参考了一些文献资料，在此对所有的原作者表示诚挚的谢意。

刘　建

2015 年 6 月

目　　录

一、水稻机插高产栽培技术 …………………………………（1）

　（一）技术特征 …………………………………………（2）

　（二）水稻育秧 …………………………………………（3）

　（三）水稻机插 …………………………………………（11）

　（四）大田配套管理 …………………………………… （13）

二、水稻塑盘旱育抛秧技术 ……………………………… （24）

　（一）技术特征 …………………………………………（24）

　（二）水稻育秧 …………………………………………（26）

　（三）水稻抛栽 …………………………………………（31）

　（四）大田配套管理 …………………………………… （33）

三、水稻肥床旱育壮秧高产栽培技术 ………………… （39）

　（一）技术特征 …………………………………………（39）

　（二）水稻育秧 …………………………………………（41）

　（三）水稻移栽 …………………………………………（49）

　（四）大田配套管理 …………………………………… （51）

四、麦秸机械还田轻简稻作技术 ………………………… （57）

　（一）技术特征 …………………………………………（58）

　（二）麦秸机械还田 ……………………………………（61）

　（三）水稻配套管理 ……………………………………（63）

五、有机稻栽培技术 ………………………………………… （71）

　（一）基地建设 …………………………………………（71）

　（二）生产技术 …………………………………………（73）

（三）质量控制 …………………………………………（78）

（四）有机稻稻鸭共作技术 …………………………（78）

六、稻茬小麦免少耕机械条（匀）播栽培技术 ………（84）

（一）技术特征 …………………………………………（85）

（二）小麦机械播种 ……………………………………（87）

（三）小麦配套管理 ……………………………………（91）

七、稻秸机械还田小麦高产栽培技术 …………………（98）

（一）技术特征 …………………………………………（98）

（二）水稻秸秆机械还田 ……………………………（100）

（三）小麦播种 ………………………………………（102）

（四）小麦配套管理 …………………………………（104）

八、稻田套播小麦高产栽培技术 ………………………（107）

（一）技术特征 ………………………………………（107）

（二）小麦套播 ………………………………………（108）

（三）水稻收割及田面覆盖 …………………………（111）

（四）小麦配套管理 …………………………………（112）

九、晚播小麦独秆栽培技术 ……………………………（116）

（一）技术特征 ………………………………………（116）

（二）品种选用 ………………………………………（120）

（三）小麦播种 ………………………………………（121）

（四）小麦配套管理 …………………………………（125）

十、稻麦互套式耕作秸秆还田高产栽培技术 …………（128）

（一）技术特征 ………………………………………（129）

（二）品种选用与茬口衔接 …………………………（132）

（三）小麦配套管理 …………………………………（133）

（四）水稻配套管理 …………………………………（138）

主要参考文献 ……………………………………………（145）

一、水稻机插高产栽培技术

机插秧是水稻生产机械化的主要方式，它是以机器代替人工插秧以降低劳动强度、提高生产效率。我国是世界上研究使用机动插秧机最早的国家之一，20世纪50~70年代，我国模仿人工移栽大苗的过程，设计了水稻插秧机，但质量不过关，加之采用常规育秧，大苗洗根移栽，费工耗时；20世纪80年代，国内一些发达省（市）引进国外机具设备，并推广工厂化育秧，但国外机具价格昂贵，工厂化育秧成本过高，农民难以承受；2000年以来，江苏省开始新一轮水稻机械化育插秧的探索并获得成功，开发出适合机插秧的低成本、简易化的软盘育秧和双膜育秧技术，形成了机插配套农艺技术体系，已得到大面积推广。2014年江苏全省机插稻水稻达1 900万亩。机械插秧技术作为一项精确种植技术，采用定量有序、宽行浅栽的技术模式，符合我国稻作生产特点，有利于提高水稻综合生产能力。该技术有助于解决农村劳动力不足，人工栽插劳动强度大、效率低、产量水平不高等矛盾，同时有助于减少直播稻等粗放种植方式应用面积的比例。适宜在机械化生产条件好、温光资源充裕、茬口布局合理的水稻产区推广应用。

（一）技术特征

1. 技术特点

机械化插秧技术就是采用高性能的插秧机代替人工栽插秧苗的水稻移栽方式，它是现代稻作的基本方向，也是当前实现水稻高产、稳产、优质和高效的现实选择。其技术特点：一是机械性能有较大提高，机械作业性能和作业质量完全能满足现代农艺要求；二是育秧方式有重大改进，采取软盘或双膜育秧，中小苗带土移栽，其显著特点是播种密度高，床土土层薄，秧块尺寸标准，秧龄短，易于集约化管理，秧池及肥水利用率高，秧田和大田比为 1 ∶ （80～100），从而大量节约秧田。

2. 生育特性

机插秧主要生育特性：由于其自身的特殊性，且对秧龄控制要求极其严格，其播种期推迟导致生育期缩短；机插稻是在规定规格的秧盘中进行育秧，播种密度极大，秧苗生长完全处于密生生态条件下，个体所占营养面积及生长空间小，苗间竞争加剧，秧苗小而素质趋弱，抗逆性较弱；机插稻的宽行浅栽，有利于低节位分蘖的发生，机插水稻的分蘖具有爆发性，分蘖期也较长，使苗期提前，但是高峰苗容易偏多，使成穗率下降，穗型偏小。

3. 高产栽培策略

针对机插稻的生育特点，其高产栽培策略：以适当稀播培育适龄壮秧，减少育秧过程密生生态对壮秧形成的负面效应；在培育壮秧和实现高质量栽插基础上，促进分蘖早生快发，适时早搁田，及早控制无效分蘖，提高群体质量；通过及时有效控制高峰苗后，在群体叶色褪淡落黄的基础上，因苗及早施好穗肥（促花肥），并配合浅湿交替灌溉等措施，主攻壮秆大穗，形成高光效群体；抽穗后通过合理的水浆管理、病虫防治，养根保叶，增强根系活力，提高后期特质积累量与群体库容充实度。

（二）水稻育秧

1. 壮秧标准

机插秧的健壮秧苗标准：秧龄 15～20 天，叶龄 3～4 叶，苗基部茎宽 2～2.5 毫米，单株白根数 10 条以上，地上百株干重 2.5～3.5 毫克，秧苗最佳高度为 12～15 厘米，适宜高度为 10～20 厘米，每平方厘米成苗 1.5～3 株，苗挺叶绿，基部粗扁有弹性，秧苗整齐，无病虫为害。根部盘结牢固，秧块提起后不散落，盘根带土厚度 2.0～2.5 厘米，厚薄一致，形如毯状。

试验表明，一般超过 4 叶，秧龄越大，秧苗素质越差，尤其是成苗率和单位面积上的成苗数急剧下降。秧苗素质的变差，严重影响机插质量和效果，造成大量的缺穴漏插现象，直接导致群体最终穗数的不足。当秧龄超过 25 天以后，群体单位面积有效穗数较 20 天秧龄的显著减少，产量显著降低。尤其是常规粳稻，通常播种密度较大，随着秧龄的延长，减产的幅度更大。因此，培育适宜机插的壮秧，应严格控制叶龄 3～

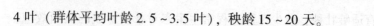

4 叶（群体平均叶龄 2.5~3.5 叶），秧龄 15~20 天。

2. 品种选用

根据当地温光资源条件及茬口布局，选择生育期适宜的高产优质水稻品种。江苏省麦茬正常播栽条件下，淮北地区宜选用中熟中粳品种；苏中里下河、沿海地区宜选用迟熟中粳品种；沿江及苏南地区宜选用早熟晚粳品种。生产上，要优先在省推介的主推品种中选择适合本地的优良品种。现阶段，江苏淮北地区以宁粳 4 号、连粳 7 号、连粳 9 号、武运粳 21 号等中熟中粳品种为主；苏中里下河、沿海地区以南粳 9108、武运粳 24 号、扬育粳 2 号等迟熟中粳及武运粳 27 号等中熟中粳品种为主；江苏沿江及苏南地区以武运粳 23 号、南粳 5055、扬粳 4227、镇稻 18 号、武运粳 30 号等早熟晚粳品种为主。

机插稻高产栽培时，要求品种生长量大，株型较紧凑，茎秆粗壮，分蘖性较强，根系发达，抗倒性好，穗型大，熟相好，抗条纹叶枯病、不早衰，增产潜力大。

3. 床土准备

机插秧应大力示范推广基质育秧，以基质代替营养土育秧，一方面可解决取土难、用工难，另一方面基质育秧秧龄弹性较大，抗灾力强，且秧块轻、盘根好，能更好地适应机栽。由于市场上基质类型多，具体基质产品的确定要严格遵循试验、示范程序，并根据育秧基质产品的使用说明规范操作。

选择营养土育秧的，床土可选用肥沃疏松的菜园土，或是耕作熟化的旱田土，或是秋耕冬翻春耖的稻田土。每亩大田约 100 千克作床土，另备未培肥过筛细土 25 千克作盖籽土。对于肥沃疏松的菜园的土壤，过筛后可直接用作床土，而其他适宜土壤提倡在冬季完成取土，取土前要对取土地块进行施肥，通常每亩（1亩≈667平方米。全书同）均匀施用腐熟人畜粪2 000千克，以及25%氮、磷、钾复合肥60～70千克，或硫酸铵30千克、过磷酸钙40千克、氯化钾5千克等无机肥，禁用草木灰。取土地块pH值偏高的可酌情增施过磷酸钙以降低pH值（适宜pH值为5.5～7.0）。施后连续机旋耕2～3遍，取表土堆制并覆农膜至床土熟化。经培肥熟化的土壤需进行床土加工，选择晴好天气及土堆水分适宜时（含水率10%～15%，细土手捏成团，落地即散）进行过筛，要求细土粒径不得大于5毫米，其中，2～4毫米粒径的土粒达60%以上。过筛结束后继续堆制并用农膜覆盖，集中堆闷，促使肥土充分熟化。

对冬、春未培肥或施肥量不足的营养土，在播种前3～7天采用壮秧剂培肥配置营养土，按产品标准使用量与土混匀拌和后继续覆膜堆闷，使肥土充分融合。

4. 秧池选择

选择土壤肥沃、排水良好、靠近大田和水源的稻田。秧池应尽量集中，实现规模连片育秧。秧池大田比例为1∶（80～100）。

5. 制作秧板

苗床一般畦面宽140厘米，沟宽25厘米，沟深15厘米，长度因田宽而定，田周围沟宽30厘米，深25厘米。在播种前10～15天上水耖田耙地，开沟做板，秧板做好后排水晾板，使板面沉实，播前两天铲高补低，填平裂缝，并充分拍实；也可选择土壤肥沃的歇冬田，直接在板田上开沟做畦，干整干做，铲除稻桩、杂草等杂物，削高填低，充分拍实，播前2天上水验平。板面达到"实、平、光、直"。

6. 提高播种质量

（1）做好种子处理。播前做好晒种、选种、浸种、消毒等工作，以提高发芽率、整齐度，减少种皮带病。晒种可以有效地提高种子的发芽率和发芽势，还有一定的杀菌效果，晒种的方法一般是将种子摊在晒垫上，晒1～2天，晒种要常翻动种子，使种子干燥度一致。选种时先是筛选，去除小粒、秕粒和草籽，然后拣去破碎稻谷，以防止在浸种过程中腐烂变质而影响效果。浸种前，可用盐水选种（盐水浓度20%）。选种方法：盐水溶液配成后把稻种施在其中漂洗，捞出浮在上面的秕粒和杂质，取出下沉饱满的稻种，清水冲洗干净。

浸种要与药剂处理相结合，有效控制恶苗病、干尖线虫病、条纹叶枯病、黑条矮缩病等病害。水稻恶苗病和干尖线虫病是江苏省水稻上重要的种传病害，尤其水稻恶苗病，近年来呈快速上升态势，机插稻发病较重。这两种病害田间一旦发病后难以用药控制，药剂拌种、浸种既能直接杀灭水稻种子上病菌，又能有效减轻土壤中病残体所带病菌的再侵染，是控制种传病害最为经济有效的方法。对于生产上应用的感病品种，要做到药剂处理全覆盖。由于咪鲜胺在江苏用于水稻种子处理已超过10年，对于恶苗病菌对咪鲜胺产生抗药性的地区要及时调整药种，可选用氰烯菌酯、咯菌腈、杀螟·乙蒜素等药剂拌种或浸种。药剂种子处理时要正确开展药剂处理。对恶苗病防治，可选用氰烯菌酯、咯菌腈、精甲霜灵、甲霜灵、杀螟·乙蒜素、咪鲜·杀螟丹等药剂浸种或拌种；对干尖线虫病防治，可选用杀螟丹及其复配剂浸种；对恶苗病与干尖线虫混发区，可选用杀螟·乙蒜素、咪鲜·杀螟丹等药剂浸种或拌种。灰飞虱、稻蓟马发生较重地区，可加吡虫啉、噻虫嗪等药剂，一并处理种子；细菌性条斑病、白叶枯病等细菌性病害重发区，可用三氯异氰尿酸浸种。如25%氰烯菌酯悬浮剂2 000～3 000倍液浸种，或16%咪鲜胺·杀螟丹可湿性粉剂400～700倍液浸种，或17%杀螟·乙蒜素可湿性粉剂200～400倍液浸种；或6.25%精甲霜灵·咯菌腈悬浮种衣剂10毫升，加水150～200毫升，搅拌包衣稻种4～5千克。要确保种子处理的药剂浓度，不可盲目加大或降低浓度，保证防治效果；浸种要保证时间在48～60小时，浸后不用淘洗，可直接播种或是催芽至露白播种。要注意浸匀浸透，浸种时药液要淹没稻种；袋装化浸种时稻种装满2/3袋，确保翻袋时种子吸足水后均匀受药，并时常翻动种子，提高浸种效果；分批浸种时切忌废液再利用，以防药剂浓度下降和病菌污染降低防效；要适当降低塑盘育苗期间温度，催芽时禁用稻草垫底或覆盖，以防稻草带菌再侵染，或避免高温催芽和催长芽；药液浸过的种子不可食用或作饲料，残留药液不能倒在桑园、鱼塘以及蚕室旁，以免鱼类、鸟类和家蚕中毒。

（2）确定适宜播期。以在最适温度范围内能够安全齐穗和灌浆结实为原则，根据茬口、机插时间等具体情况，合理确定适宜播期。水稻高产优质栽培时，通常先明确该地区的水稻最佳抽穗期，这是因为水稻在最佳抽穗结实期开花结实，可获得最高的结实率、千粒重和产量，再以某一个水稻品种从播种至最佳抽穗的积温或生育天数向前推算，并通过播期、移栽期试验资料，确定最佳播种期和移栽期。据相关资料，粳稻抽穗期日平均温度25℃左右时结实率最高，结实至成熟期的日平均温度21℃左右时千粒重最高，可以把这两项作为长江中下游粳稻最佳抽穗结实期的温度参考指标值。籼稻抽穗结实期的温度一般比粳稻高2℃左右。根据江苏省各地温度条件和栽培经验，徐淮稻区中粳稻最佳抽穗期为8月20～25日；江淮稻区中粳稻和早熟晚粳稻最佳抽穗期为8月25～28日；太湖稻区单季晚粳稻最佳抽穗为8月28日至9月3日。

机插育秧的播种密度高，秧苗根系集中在厚度仅为2～2.5厘米的薄土层中交织生长，因而秧龄弹性小。必须根据茬口安排，按照15～20天适龄移栽推算播期，宁可田等秧，不可秧等田。机插面积较大时，要根据插秧机工作效率和机手技术熟练程度，安排好插秧进度，合理分批浸种，顺次播种，确保每批次播种均能适龄移栽。

（3）精准均匀播种。机插秧的育秧，从制约壮秧培育与大田高产群体起点建立两方面看，生产上播种量过大、密度偏高是一个最突出的问题，因而合理降低播量是关键。然而播量过低，尽管秧苗个体指标得到了优化，但秧块上的群体指标远不能满足机插要求，同时由于单位面积苗数少，漏插率高，基本苗不足，最终也严重影响产量。相反，播量过高，苗间透光条件差，秧苗细弱、窜高，基部叶片早黄，形成苗体素质差的弱苗。因此，机插秧适宜播量的确定应兼顾提高秧苗素质和降低缺穴率（5%以下）两个方面的要求。要根据基本苗、种子粒重等计算播种量。常规粳稻机插高产栽培，种子千粒重25～28克，每盘（机插专用秧盘）用干种子100～120克为宜。种子千粒重为27～28克的杂交粳稻，每盘播量80克左右是适宜的且能获得高产，若种子千粒重23～26克，每盘播种量可降为60～70克。通常每亩大田用种量3～4千克。

秧盘育秧的播种方法：①铺放塑盘。秧板上平铺软盘，为充分利用秧板和便于起秧，每块秧板横排两行，依次平铺，紧密整齐，盘与盘的飞边要重叠排放，盘底与床面紧密贴合。
②匀铺床土。铺撒准备好的床土，土层厚度为2～2.5厘米，
厚薄均匀，土面平整。③补水保墒。播种前一天，灌平沟水，
待床土充分吸湿后迅速排水，亦可在播种前直接用喷壶洒水，
要求播种时土壤饱和含水率达85%～90%。可结合播种前浇
底水，选用适宜的药液，对床土进行喷浇消毒。④定量播种。
播种时按盘称种。一般常规粳稻每盘均匀播破胸露白芽谷120
～150克，杂交稻播80～100克。为确保播种均匀，可以4～6
盘为一组进行播种，播种时要做到分次细播，力求均匀。⑤匀
撒覆土。播种后均匀撒盖籽土，覆土厚度为0.3～0.5厘米，
以盖没芽谷为宜，不能过厚。注意使用未经培肥的过筛细土，
不能用拌有壮秧剂的营养土。盖籽土撒好后不可再洒水，以防
止表土板结影响出苗。⑥封膜保墒。覆土后，灌平沟水湿润秧
板后迅速排放，以弥补秧板水分不足，并沿秧板四周整好盘
边，保证秧块尺寸。芽谷播后需经过一定的高温高湿才能达到
出苗整齐，一般要求温度在28～35℃，湿度在90%以上。为
此，播种覆土后，要封膜盖草，控温保湿促齐苗。封膜前在板
面每隔50～60厘米放一根细芦苇或铺一薄层麦秸草，以防农
膜粘贴床土导致闷苗。盖好农膜，须将四周封严封实，农膜上
铺盖一层稻草，厚度以看不见农膜为宜，预防晴天中午高温灼
伤幼芽。

有条件的地方，应推广应用机械流水线播种和叠盘暗化催
芽技术。机械流水线播种，一次完成上底土、喷水、播种、盖
籽等多道工序，实现盘土适宜平整、播量准确均匀、覆土盖
种均匀全面，保证秧苗出苗整齐、生长均匀、苗质粗壮。机械
流水线播种在播前基质要过筛，种子浸种催芽后捞出要摊开，
沥干水分，至稻种无明显水迹，抓在手上放开后稻种能自然撒

落不粘手时再播种，否则影响机播质量。播前还要调试好机械，控制好播种量、底土厚度、喷水量及盖籽土厚度等再播种。叠盘暗化催芽技术，是以40张左右盘堆为一堆，堆与堆之间留10厘米左右间距以便通风和起运操作，每堆顶部各放一张空盘封顶，并用黑色遮阳网将秧堆四周覆盖严实，于室内堆放48小时左右进行暗化处理，以80%稻谷整齐露白苗出土1厘米左右为宜，然后移至秧板。

7. 秧田管理

水稻种子出苗后，即进入秧田管理期，重点抓好肥水管理和病虫害防治工作。

（1）揭膜炼苗。揭膜时间因当时气温而定，一般在秧苗出土2厘米左右、不完全叶至第1叶抽出时（播后4~5天）揭膜炼苗。若覆盖时间过长，遇烈日高温容易灼伤幼苗。要求晴天傍晚揭，阴天上午揭，小雨雨前揭，大雨雨后揭。若遇寒流低温，宜推迟揭膜，并做到日揭夜盖。

（2）水分管理。揭膜前保持盘面湿润不发白，缺水补水。揭膜至2叶期前建立平沟水，自然落干后再上水，如此反复，保持盘面湿润不发白，盘土含水又透气，以利秧苗盘根。晴天中午若秧苗出现卷叶要灌薄水护苗，雨天放干秧沟水。2~3叶期视天气情况勤灌跑马水，做到前水不接后水。移栽前3~5天控水炼苗，灌半沟水蹲苗，以利于机插。

（3）肥料施用。床土肥沃的可不施断奶肥。但秧苗在1叶1心期叶色较淡时，每亩可施用尿素4~4.5千克，于傍晚待秧苗叶尖吐水时建立薄水层后均匀撒施（施肥后再用少量清水喷洒），或对水1 000千克浇施，以防止造成肥害。栽插前3~4天施好送嫁肥。叶色褪淡的秧苗，每亩用尿素4~4.5

千克对水于傍晚均匀喷洒或泼浇，施后喷洒一次清水以防肥害烧苗；叶色正常、叶挺拔而不下披的秧苗，每亩用尿素 1～1.5 千克对水 100～150 千克进行根外喷施；叶色浓绿且叶片下披的秧苗，不需施肥，应采取控水措施来提高苗质。

（4）病虫防治及化控。根据植保部门发布的信息，及时防治秧田期病虫草害，重点把握好秧田一代灰飞虱的防治，控制条纹叶枯病和黑条矮缩病的发生，同时注意兼治一代螟虫、稻蓟马等病虫的为害。移栽前 2～3 天要注意用好"送嫁药"，通过带药下田提高防治效果。若气温较高，雨水偏多，苗量生长较快，特别是不能适期移栽的秧苗，可在二叶期每亩秧田用15% 多效唑可湿性粉剂 50 克配制成 2 000 倍药液喷雾。切忌用量过大、喷雾不匀，对于床土培肥时已使用过"旱秧壮秧剂"的秧田则不必使用多效唑。

（三）水稻机插

1. 大田整地

机插秧的秧龄弹性小，大田耕整必须抢早进行，宁可田等秧，不可秧等田。机插秧采用小苗移栽，对大田耕整质量的要求相对较高。一般来讲，大田耕翻深度掌握在 15～20 厘米。要求田面平整，田块内高低落差不大于 3 厘米，要清除田面过量残物，做到泥土上细下粗，细而不糊，上软下实。为防止壅泥，水田平整后沉实，沙质土要沉实 1 天左右，壤土要沉实 2 天左右，黏土要沉实 3 天左右。待泥浆沉淀、表土软硬适中、作业不陷机时后移栽，达到泥水分清、沉淀不板结、水清不浑浊。

2. 机插技术

（1）适时栽插。施足基肥，适时栽插。适宜机插的秧龄掌握在 15～20 天，叶龄 3～4 叶。防止超龄移栽。

（2）正确起运。由于机插的秧苗既小又嫩，因此，在起秧的过程中要防止萎蔫，防止秧苗折断。秧盘育秧方式起秧时，先慢慢拉断穿过盘底渗水孔的少量根系，连盘带秧一并提起，再平放，然后小心卷苗脱盘。要尽量减少秧苗搬动次数，保持秧块不变型。运秧时秧块要平放，堆放层数不宜过多，一般 2～3 层为宜，也可卷叠运输。秧苗运至田头时应随即卸下平放，使秧苗自然舒展。做到随起随运随插。起运过程中，如果遇到烈日高温，要采取遮阴措施防止秧苗失水枯萎；如果遇有下雨天气需要用设施遮盖，防止秧块过烂而影响机插质量。

（3）合理密植。插秧前须对插秧机作一次全面检查调试，以确保插秧机能够正常工作。特别是要根据秧苗的密度，调节确定适宜的穴距与取秧量，以保证每亩大田适宜的基本苗。每亩穴数和每穴苗数，应根据所用品种和栽培要求而定。据资料介绍：生育期长的、早栽的、分蘖力强的大穗型品种（特别是杂交稻组合），栽插密度以亩栽 1.5 万～1.7 万穴、每穴 2 苗左右为宜；一般穗数型或穗粒兼顾型品种栽插密度宜每亩 1.7 万～1.9 万穴、每穴 3 苗左右。通常情况下，中等地力和施肥水平的田块，常规粳稻基本苗 6 万～8 万/亩，杂交稻 3 万～4 万/亩。机插秧的行距 30 厘米，株距可按需要进行调整，栽植穴苗数可调节秧爪取秧面积来调节。插秧株距的调整方法：步行插秧机的插秧株距调整手柄位于插秧机齿轮箱右侧，推拉手柄有三个位置，标有"90、80、70"字样。"70"位置，密度最稀，株距为 14.6 厘米，每亩密度为 1.4 万穴；

"80"位置，株距为 13.1 厘米，每亩密度 1.6 万穴；"90"位置，株距为 11.7 厘米，每亩密度为 1.8 万穴。

（4）薄水浅插。田间水深要适宜，水层太深易导致漂秧、倒秧，水层太浅易导致伤秧、空插。一般水层深度保持 1~2 厘米，利于清洗秧爪、又不漂不倒不空插，可降低漏穴率，保证足够苗数。栽插深度直接影响活棵与分蘖。栽插过深，活棵慢，分蘖发生推迟，分蘖节位升高，地下节间伸长，群体穗数严重不足。栽插深度 1.5~2 厘米，以入泥为宜，不漂不倒。做到清水淀板，薄水浅栽，确保直行、足苗。栽插结束后如出现缺苗、断垄、漂秧、浮秧，要进行人工补缺，并及时上水 3~4 厘米，促进返青活棵。

（四）大田配套管理

1. 水浆管理

（1）活棵分蘖阶段。与传统人工手插稻相比，机插稻的苗小、苗质相对较差，机械插栽时植伤较重，机栽后的 2~3 个叶龄期既要保证正常的生理需水，也要强调控水增氧，促发根扎根，特别是前茬秸秆还田情况下，更需要露田增氧，以减轻秸秆腐烂过程中形成的毒害。因而移栽后的 2~3 个叶龄期内应采取 2~3 厘米浅水与露田交替的灌溉方式为宜。机插后浅水护苗活棵，水层厚度为苗高的 1/3~1/2，以防高温炼苗。待长出一个叶龄发根后断水露田，进一步促进发根，待长出第二片叶时才采用浅水层结合断水露田的方式。机插稻进入分蘖期，应浅水勤灌，灌浅水 1~2 厘米，使其自然落干。高产栽培时，可采用田面夜间无深水，次日上新水，即白天上水、夜间露田湿润的水浆管理，达到以水调肥、以水调气、以气促根、分蘖早生快发。

（2）搁田阶段。水稻搁田，又称为晒田、烤田，是水稻高产栽培水分管理中的重要环节。合理的搁田可以协调水稻生长与发育、个体与群体、地上部与地下部、水稻与环境等诸多矛盾，实现水稻的优质高产。搁田作用主要有以下五个方面：一是改善土壤环境。通过排水搁田，可增加土壤中的氧气，提高氧化还原电位，分解有毒物质，改善土壤理化性状，更新土壤环境。二是控制无效分蘖。排水搁田过程中，幼小分蘖因根系不健全而对缺水很敏感，因而较主茎和大分蘖易脱水死亡，从而能有效地控制无效分蘖，还能巩固有效分蘖，提高分蘖成穗率。三是促进根系发育。通过搁田，使土壤失水干燥产生裂缝，土壤渗透性增强，大量空气进入耕作层，使土壤中氧气含量增多，即使在复水后土壤中空气也能继续更新，原来因淹水产出的有毒物质得到氧化而减少，有利于根系向下深扎，根系活力显著增强。四是调整植株长相。搁田可暂时控制根系对氮的吸收，但总体上来说有利于磷、钾、硅酸的吸收，稻株体内氮素同化作用相对减弱，部分同化产物得以多糖形式在茎鞘中积累，使叶色由深绿变为浅绿或黄绿，并能抑制细胞伸长和茎叶徒长，可使正在分化伸长的节间变短。五是减轻病虫为害。搁田降低了稻田的株间湿度，能一定程度地抑制病原物和害虫的滋生。同时，植株健壮程度增加，抗逆能力增强，因而有利于防止和减轻纹枯病、稻飞虱等病虫的发生和为害。确定搁田时期的一般原则是"苗到不等时、时到不等苗"。这里所说的"时"，是指水稻分蘖末期到幼穗分化初期，这段时期对水分不甚敏感，但这段时期之后水稻对水的敏感性增强，过分控制水分可能会影响稻穗的分化；而所谓的"苗"，是指单位面积上的茎蘖数（包括主茎和分蘖），一般在够苗期搁田，够苗期即田间总茎蘖数达到预定的穗数指标的时期。关于预定穗数指标（即适宜穗数），可从当地高产田块中的众数中求得。例如：某一地区的一个优质高产新品种在大面积生产上种植，获得亩产 650 千克以上产量的有 12 块田，每亩有效穗 18 万穗的有 1 块田、19 万穗的有 2 块田、21 万穗的有 3 块田，而有 6 块田是 20 万穗，这个品种每亩有效穗数的众数就是 20 万穗，可以把 20 万穗作为该地区的这个品种预定每亩穗数指标。搁田时期比较科学的确定方法是根据水稻生育进程叶龄模式来判定。研究表明，要控制某一叶位发生分蘖，必须在该叶位前 1 个叶龄期发生控蘖效应，在该叶位前 2 个叶龄期开始搁田。搁田时间因品种类型而异，高产栽培时通常从有效分蘖临界叶龄期前一个叶龄开始（$N \sim n \sim 1$，N：品种总叶片数；n：伸长节间数）。

生产上通常要求在群体茎蘖苗数达到适宜穗数的 70% ~ 90% 时搁田，这样既能保证穗数，又能有效地控制无效分蘖。一般土壤肥力高、栽插密度大、品种分蘖力强、分蘖早、发苗足、苗势旺的田块，为了抑制无效分蘖的发生，搁田要相应提前；对于某些肥力不足，分蘖生长缓慢，水稻群体不足，总苗数迟迟达不到预期穗数指标的，可适当推迟搁田，但为了不影响幼穗分化，到了（$N \sim n + 1$）叶龄期，无论如何都要搁田，这就是说"时到不等苗"，这类苗要适当轻搁。

机插稻开始分蘖后发苗势强，群体茎蘖增加迅速，来势猛，群体高峰苗数控制不当极易发过头，因而应在群体茎蘖数达到预计穗数的 80% 左右时开始自然断水落干搁田，遵循"早搁、轻搁、多次搁"的原则。这是由于机插稻根系分布浅，前期个体生长基础相对较差，因而搁田不宜过重，应采取分多次轻搁方法。第一次要搁到撑得住脚，踩上去田不回软，田边裂"芝麻缝"，然后复水，复水之后再搁。要求搁到田中土壤沉实不陷脚，叶色褪淡落黄即可，既抑制了无效分蘖的大量发生，使高峰苗数控制在适宜穗数值的 1.4~1.5 倍，又控制了基部节间的伸长，增强了群体抗倒能力。有资料显示，按照"早搁、轻搁、多次搁"进行搁田的机插稻，群体无效分蘖旺盛滋生期能够得到及时有效的控制，高峰苗适宜，茎蘖成穗率高，最终群体穗数足，穗型也大，群体的总颖花量多，产量高；不搁田或搁田过迟的机插稻，群体无效分蘖大量发生，高峰苗数过多，群体生长郁蔽，通风透光性差，茎蘖成穗率低，群体穗数偏少且穗型明显变小，产量显著降低。

（3）长穗阶段。从水稻幼穗分化期到抽穗，特别是水稻的穗分化减数分裂期是生育过程中的需水临界期。这一时期稻株生长量迅速增大，它既是地上部生长最旺盛、生理需水最旺盛的时期；又是水稻一生中根系生长发展的高峰期。在此时期，既要有足够的灌水量满足稻株生长的需要，又要满足土壤通气对根系生长的需要。如果缺水干旱，极易造成颖花分化少而退化多、穗小、产量低，特别是在减数分裂期前后更不能缺水，否则将严重影响幼穗发育，造成颖花大量退化，粒数减少，结实率下降。此段时期宜采用浅湿交替灌溉。具体的灌溉方法：保持田间经常处于无水层状态，即灌一次 2~3 厘米深的水，自然落干后不立即灌第二次水，而是让稻田土壤露出水面透气，待水落干 3~5 天后再灌 2~3 厘米深的水，如此周而复始，形成浅水层与湿润交替的灌溉方式。剑叶露出以后，正是花粉母细胞减数分裂后期，此时田间应建立水层，并保持到抽穗前 2~3 天，然后再排水轻搁田，促使破口期"落黄"，以增加稻株的淀粉积累，促使抽穗整齐。浅湿交替灌溉方式，能使土壤板实而不软浮，有利于防止倒伏。既满足了水稻生理需水的要求，同时又促进了根系的生长和代谢活力，增加了根系中细胞分裂素的合成，有利于大穗的形成。

（4）抽穗结实阶段。抽穗期开花期，水稻光合作用强，新陈代谢旺盛，此期也是水稻对水分反应敏感的时期，耗水量仅次于拔节孕穗期。如果缺水受旱，轻者延迟抽穗或抽穗不齐，严重时抽穗开花困难，包颈、白穗增多，结实率大幅度降低。此期田间土壤含水量一般应达饱和状态，通常以建立薄水层为宜。抽穗开花期间，当日最高温度达到35℃时，就会影响稻花的授粉和受精，降低结实率和粒重；遇上寒露风的天气，也会使空粒增多，粒重降低。为抵御高温干旱或是低温等逆境气候的伤害，应适当加深灌溉水层（水层可加深到4～5厘米），最好同时采用喷灌。抽穗开花后，籽粒开始灌浆，这一时期是水稻净光合生产率最高的时期，同时水稻根系活力开始下降，争取粒重和防止叶片、根系早衰，成为这个时期的主要矛盾。这时既要保证土壤有很高的湿度，以保证水稻正常生理需水，又要注意使土壤通气，以便保持根系活力和维持上部功能叶的寿命。一般以浅湿交替灌溉的方式，即采用灌溉→落干→再灌溉→再落干的方法。水稻抽穗20～25天，之后穗梢黄色下沉，即进入黄熟期。黄熟期水稻的耗水量已急剧下降，为了保证籽粒饱满，要采用干湿交替灌溉方式，并减少灌溉次数。收割前7天左右排水落干。生产上一定防止断水过早。

2. 肥料管理

（1）施肥原则。一是要增施有机肥。在目前水稻生产上，对合理施用化肥、增施有机肥料、有地养地、培肥土壤及防止地力衰退的认识不足，普遍存在着重化肥轻有机肥、重眼前短期利益忽视可持续效益的现象，使土壤结构和循环系统遭到不同程度的破坏，有机质含量逐年降低，氮、磷、钾等养分丰缺失衡，耕地质量下降，严重威胁到稻田可持续发展。增施有机肥和在保证水稻正常生长的前提下尽可能地减少化学肥料的施用，是水稻高产、优质生产的一个施肥原则。稻田增施有机肥对于稻田的综合肥力，优化稻田环境，提高产量和改善稻米品质都有十分重要的作用。二是要平衡配方施肥。平衡配方施肥是以土壤测试和肥料田间试验为基础，根据水稻需肥规律、土壤供肥性能与肥料利用效率，在合理施用有机肥料的基础上，提出氮、磷、钾三要素及中、微量元素等肥料的适宜用量、施用时期以及相应的施肥方法。它的核心是调节和解决水稻需肥与土壤供肥之间的矛盾，同时有针对性的补充水稻所需的营养元素，做到缺什么就补什么，需要多少就补多少，实现各种养分平衡供应，满足作物的需要。

（2）肥料运筹。生产上，精确施肥时通常运用斯坦福（Stanford）公式，即氮素施用量（千克/亩）＝（目标产量需氮量 － 土壤供氮量）／氮肥当季利用率，来确定总施氮量，并注意增施磷、钾、硅以及微肥等，其中，氮（N）：磷（P_2O_5）：钾（K_2O）比例要求达到 1：0.5：0.7。单季粳稻亩产 600～700 千克的每 100 千克稻谷需氮量为 1.9～2.0 千克，基础产量 300～400 千克的地力水平的每 100 千克稻谷的需氮量为 1.5～1.6 千克，氮素当季利用率为 42.5%（40%～45%）。从品质调优和产量提高两方面综合考虑，结合地力水平和目标产量合理确定化学氮肥施用量。通常情况下，目标亩产 600～650 千克，化学氮肥（N）每亩用量要控制在 20～21 千克以内（比习惯施肥平均调减 3 千克左右）；目标亩产 650～700 千克，每亩施氮量控制在 21～22 千克；目标亩产

700～750千克，每亩施氮量控制在22～23千克。对秸秆全量还田的前期可适当增施速效氮肥，调节碳、氮比至20～25：1，后期适当减施氮肥。对有机肥用量大的田块，要根据有机肥施用情况酌情调减化学氮肥用量。

水稻高产栽培时，采取"前氮后移"运筹方式，以促进水稻增产增效。其增产原理：①水稻的前期肥料即基肥和分蘖肥，主要为有效分蘖发生提供养分需要，高产田吸氮一般只占当季施氮量的30%左右，当有效分蘖临界叶龄期够苗后，土壤供氮应减弱，促使群体叶色落"黄"，有效地控制无效分蘖和叶片伸长，推迟封行，改善拔节至抽穗期群体的受光条件，为长穗期攻取大穗和提高成穗率创造良好条件。如果基蘖肥的氮肥比例过大，到了无效分蘖期叶色不能正常落"黄"，造成中期旺长，封行大为提前，中、下部叶片严重荫蔽，高产群体被破坏，势必导致成穗率骤降，根、茎发育不良，病害严重等一系列不良后果。基蘖肥氮素利用率低，一般只有20%左右，施用越多，利用率越低，适当减少施用比例，可以提高氮肥当季利用率。②穗肥的作用。拔节至抽穗期高产田吸氮量占一生吸氮量的50%左右，在中期落黄的基础上施用穗肥，不仅能显著促进大穗的形成，而且可促进动摇分蘖成穗，保证足穗；穗肥的单位生产效率是最高的，提高穗肥施用比例，是夺取高产的关键增产措施。③前氮后移是具有普遍意义的增产技术，与当地习惯施肥对比，在相同施氮水平下，均可取得穗数稳定、成穗率高、穗型明显增大的显著增产效果。实现"前氮后移"时，要根据土壤地力，确定水稻生长前后期施氮运筹比例。

机插秧高产栽培时，前期（基蘖肥）、后期（穗肥）施氮比例调整为6：4，秸秆全量还田为7：3。磷、钾肥的施用参照各地测土配方施肥技术而定，磷肥100%作基肥，钾肥50%作基肥、50%作促花肥。

（3）前期肥料的施用。水稻前期施用的肥料主要是基肥和分蘖肥。基肥是水稻栽插前施用的肥料，通常也称底肥。基肥可以源源不断地供应水稻各生育时期，尤其是生育前期对养分的需要，坚持基肥深施，做到先施肥再耕翻。基肥的施用要强调"以有机肥为主，有机肥和无机肥相结合，氮、磷、钾配合"的原则，并重视硅、锌等微肥的施用。水稻是需硅较多的作物，硅影响光合作用和蒸腾作用，参与细胞壁的组成。水稻前期缺硅易造成叶片松弛、有枯斑，成穗数减少。后期缺硅茎秆细长软弱，易感染病害，茎秆直立性差，易倒伏、早衰，小穗数减少，对水稻的优质高产没有保障。因而要求水稻施肥必须补施硅肥，一般每亩用20%硅肥10~20千克作基肥（也可用0.4%~0.5%的硅溶液根外喷施2~3次）。分蘖肥是秧苗返青后追施的肥料，其作用是促进分蘖的发生。分蘖肥一般应在返青后及时施用，以速效氮肥为主，促使水稻分蘖早生快发，为足穗、大穗打下基础。

机插秧高产栽培时，基蘖肥中氮素的20%~30%作基肥，70%~80%作分蘖肥。分蘖肥在移栽后5天、10天分两次等量施用，其群体产量最高。这是因为，在栽后5天开始施用分蘖肥，并采取分次施用的方法，使肥效与最适分蘖发生期同步，促进有效分蘖，可确保形成适宜穗数，同时又能在够苗时肥效明显减退，控制无效分蘖，提高分蘖成穗率。分蘖肥施用不宜过早，这是因为水稻栽插后有一个植伤期，植伤期间根系吸收能力弱，肥效不能发挥，同时还会对根系的发育产生抑制作用，反而会推迟分蘖的发生，引起穗数不足。相反，若分蘖肥施用过迟，肥效发挥正值高位分蘖盛发期，易导致群体大，成穗率低，尽管穗数稍多，但每穗粒数少，也不易高产。分蘖肥的施用原则：使肥效与最适分蘖发生期同步，促进有效分蘖，确保形成适宜穗数；控制无效分蘖，利于形成大穗，还能提高肥料利用率。因此，分蘖肥应注意抢晴天施、浅水施，或是采用其他方法做到化肥深施。

（4）后期肥料施用。水稻后期施用的肥料主要是穗肥。穗肥是从幼穗开始分化到抽穗前施用肥料的统称，合理施用穗肥既有利于巩固穗数，又有利于形成较多的总颖花数，又能强"源"、畅"流"，形成较高的粒叶比，利于提高结实率和千粒重。因此在水稻优质高产栽培中，普遍重视穗肥的施用。穗肥的施用时期不同，其所起作用也不同。幼穗分化开始时施用的称为促花肥，其作用主要是促进稻穗枝梗和颖花分化、增加每穗颖花数，促花肥通常在叶龄余数 3.5～4 叶施用。具体施用时间和用量要因苗情而定，如果叶色较深不褪淡，可推迟并减少施肥量；反之，如果叶色明显较淡的，可提前 3～5 天施用，并适当增加用量。开始孕穗时施的穗肥称为保花肥，其作用主要是减少颖花的退化、提高结实率，通常在叶龄余数 1.2～2.0 叶时施用。对于叶色浅、群体生长量小的，保花肥可适当多施；对于叶色较深者，则少施或不施保花肥。

机插秧高产栽培时其穗肥氮素施用视具体情况而定。群体苗情正常的田块，即稻株主茎 5 个伸长节间的，有效分蘖临界叶龄期（$N \sim n$）够苗后叶色开始褪淡落黄，穗肥分促花肥（倒 4 叶露尖）、保花肥（倒 2 叶露尖）两次施用，促花肥（氮素）占穗肥（氮素）总量的 60%～70%，保花肥（氮素）占 30%～40%；群体不足或叶色落黄较早的田块，即稻株主茎 5 个伸长节间的，有效分蘖临界叶龄期（$N \sim n$）不够苗，或群体落黄较早，应提早在倒 5 叶露尖开始施穗肥，并于倒 4

叶至倒 2 叶出生期间分三次施用，氮肥数量比原计划增加 10% 左右，三次的比例为 3∶4∶3；群体过大，叶色过深的田块，即有效分蘖临界叶龄期（$N \sim n$）以后顶 4 叶 > 顶 3 叶，穗肥一定要推迟到群体叶色落黄后才能施用，只要施一次，数量要减少。

除此之外，对于前期施肥不足，表现脱肥发黄的田块，可在齐穗前后用 1% 的尿素溶液作根外追肥，能起到延长叶片寿命、防止根系早衰作用；对于有贪青徒长趋势的田块，可叶面喷施 1% ~ 2% 的过磷酸钙，以提高结实率和千粒重，促进早熟。

3. 病虫草害防治

根据区域水稻生产基地环境质量及不同层级（无公害、绿色与有机）清洁生产目标，严格执行不同层级病虫害防治技术标准，坚持"预防为主，综合防治"的原则，充分利用农业防治、生物防治和化学防治等措施，从稻田生态系统出发，综合考虑有害生物、有益生物及其他中性生物等环境因子，协调农业防治、物理防治、生物防治和化学防治，充分发挥作物、天敌、环境的综合效应，创造和形成一个有利于水稻生长和发育而不利于病虫害发生、发育的稻田生态系统，将病虫草害损失控制在经济允许水平以下，保证水稻高产、优质、低成本、（少）无害。

农业防治措施主要有因地制宜选择抗性强的品种等；物理防治主要措施有育苗期防虫网覆盖和采用黑光灯、频振式杀虫灯等诱杀；生物防治主要是利用害虫天敌、应用生物农药等。

稻田草害化除方面，选用安全高效除草剂于机插后 3 ~ 4 天和无效分蘖期通过两次高效化除技术基本消除杂草为害

（提倡利用3天土壤沉实栽前化除和机插后3～4天化除）。对突发与常发病虫害，采用高效安全药剂，准量准时保质施药，特别应高度重视水稻条纹叶枯病、黑条矮缩病、纹枯病等综合防治。化学防治时，严禁使用国家禁用的农药，要选准药种、用准药量。对于水稻纹枯病，可选用苯甲·丙环唑、井冈·丙环唑、井冈·戊唑醇、噻呋酰胺、井冈霉素、肟菌·戊唑醇、丙环·咪鲜胺等；对于水稻稻曲病，可选用苯甲·丙环唑、井冈霉素、井冈·蜡芽菌、戊唑醇；对于水稻稻瘟病，可选用三环唑、咪鲜胺、稻瘟灵、稻瘟酰胺；对于水稻恶苗病，可选用氰烯菌酯、杀螟·乙蒜素；对于水稻稻纵卷叶螟，可选用甲氨基阿维菌素苯甲酸盐、阿维·苏云菌、氯虫苯甲酰胺、甲维·丙溴磷、茚虫威、阿维·抑食肼、甲维·茚虫威、阿维·氟酰胺；对于水稻稻飞虱，可选用吡蚜酮、吡蚜·速灭威、吡虫啉（防治白背飞虱、灰飞虱）、烯啶虫胺、异丙威、噻嗪酮、噻嗪·异丙威、吡蚜·异丙威；对于水稻螟虫，可选用氯虫苯甲酰胺、阿维·氟酰胺、阿维·二嗪磷；对于水稻禾本科杂草，可选用五氟磺草胺、氰氟草酯、五氟·氰氟草、噁唑酰草胺等；对于水稻阔叶杂草，可选用苄·乙、苄嘧·苯噻酰、苄嘧磺隆、吡嘧磺隆、灭草松、苄嘧·丙草胺等。化学防治时，要按所购买的农药产品标签使用，注意农药安全间隔期。注意农药交替轮换使用，尽量避免同一品种在当茬作物上连续多次使用，以延缓抗药性的产生。蚕区应注意保护蚕桑安全。最后一次用药应注意把握安全间隔期，水稻收获前一个月内，慎用有机磷类药剂，防止农药残留超标。

二、水稻塑盘旱育抛秧技术

塑料软盘育秧是随着抛秧技术发展而形成的育秧方式，其特点是利用塑料软盘培育秧苗，培育的秧苗根体带土、穴体之间分离。水稻抛秧是指将带土秧苗往空中定向抛撒，利用带土秧苗自身重力落入田间定植的一种水稻移植方式。1975 年，日本学者松岛省三等研制出塑料孔盘育苗，随后我国在引进日本塑盘抛秧的基础上，开始研究水稻孔体育秧抛栽技术。自20 世纪 80 年代末期至 90 年代初期以来，我国农村乡镇企业不断发展，农业劳动力的迅速转移，水稻抛秧栽培得到广泛地研究和推广应用，2014 年江苏全省抛秧稻面积达 280 万亩。该技术具有高产稳产、省工省力等突出优势，适宜在水稻机械化生产条件不高的水稻产区。

（一）技术特征

1. 技术特点

在塑料育秧盘内采用旱育旱管方式培育出适合抛栽的健壮秧苗，大田抛栽后进行科学配套栽培管理的一项稻作技术。通过塑料软盘培育秧体带土、相互分散、适龄矮健的秧苗，然后抛栽大田，既简化了人工拔秧、插秧等繁体力的劳作环节，省工、省力、轻型高效（通常一个劳力每天可抛栽 3 ~ 5 亩），同时又有秧田期，充分地利用了育秧阶段的温光资源，有利于生长期较长、产量潜力大的偏迟熟品种正常生长发育，确保高产、安全成熟，能有效地克服直播稻、晚播机插秧因播种育秧迟、生育期缩短、栽插季节紧张等方面存在的限制因素。

塑盘旱育秧集肥床育秧和塑盘育秧的优势于一体，播种期不受水源限制，旱秧地育秧操作方便，能够节省秧田面积[秧田大田面积比为1：（35～40）]，小面积分散种植时可选择在家前屋后的零星菜地进行育秧，这样原有秧田可以节省下来种植夏熟作物或蔬菜。还可连片规模化育秧，有利于统一供种、统一育秧管理。塑盘旱育秧，可省去常规湿润育秧管理的相关成本，苗龄弹性较大，适宜于大、中、小苗的培育。

2. 生育特性

塑盘旱育抛秧主要生育特性：苗体素质好，根系发达，白根多，吸收能力强；起秧时不伤根，抛秧时秧苗带土带肥，"全"根下田，秧苗植伤轻，且入土浅，加之旱育生态下形成的抗旱、抗植伤能力，抛栽后能迅速吸水，大部分根原基蓄劲待发，抛后遇水能猛然暴发，一般在抛后第二天就有白根冒出，因而无明显生长停滞期，分蘖起步早、发生快、缺位少，高峰苗量大，群体有效穗多，但成穗率低、穗层整齐度较差；株型较松散，叶片张角大，田间叶片分布较均匀，最大叶面积高于手插秧，群体的光合能力较强；根系入土较浅，单株根量比手插秧明显增多，但根系分布浅而集中，在群体偏大、田间水分调控不当时可能发生根倒。

3. 高产栽培策略

培育适宜抛栽的适龄壮秧；提高抛栽质量，确保抛秧均匀

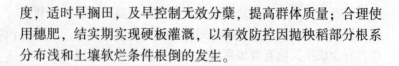

度，适时早搁田，及早控制无效分蘖，提高群体质量；合理使用穗肥，结实期实现硬板灌溉，以有效防控因抛秧稻部分根系分布浅和土壤软烂条件根倒的发生。

（二）水稻育秧

1. 壮秧标准

一般秧龄 20～30 天，叶龄 4～5 叶，苗高 15～20 厘米，成秧率 85% 以上，单穴成苗粳稻 3～4 苗的占 85% 以上，单株带蘖 0.5 个左右，空穴率 5% 以下。要求秧苗壮而不嫩，根多根白，苗健叶挺，秧苗整齐均匀无病虫为害，穴与穴之间无窜根连结。塑盘穴播带土移栽，可充分发挥小苗移栽的分蘖优势夺取高产，但如延迟至 5 叶以后移栽，苗体变弱，小苗移栽的优势不强。

2. 品种选用

根据当地温光资源条件及茬口布局，选择生育期适宜的高产优质水稻品种。江苏省麦茬正常播栽条件下，淮北地区宜选用中熟中粳品种；苏中里下河、沿海地区宜选用迟熟中粳品种；沿江及苏南地区宜选用早熟晚粳品种。生产上，要优先在省推介的主推品种中选择适合本地的优良品种，不同区域的具体品种参照第一章。

品种选用时，应结合土壤肥力高低综合考虑。对于土壤肥力较低、生产条件较差的中低产田，以选用分蘖性较强、耐瘠、抗逆的多穗型品种为宜；而土壤肥力高、生产条件好的高产田，以选用高产、耐肥、抗病的大穗型品种或穗粒兼顾型品种为宜。

3. 育秧准备

（1）种子准备。每亩大田备种 3.0～3.5 千克（常规稻）或 2.0～2.5 千克（杂交稻）。

（2）秧盘准备。采用的塑盘，长、宽分别为（605±5）毫米、（335±5）毫米，每盘有 561 个育秧孔，秧孔孔面直径 18～19 毫米，孔底直径 10～11 毫米，孔深 17 毫米。每亩大田需秧盘 50～55 张。也有 434 孔秧盘，常规粳稻每亩大田按 60 张秧盘准备。适合培育每孔 2～4 株、叶龄 3.5～5.0、苗高 15～20 厘米的秧苗。

（3）营养土准备。选肥力高、结构良好的蔬菜地土壤做营养土，一般穴底营养土以壤土、黏土为宜，不可用沙土，以免抛秧后土球散落而漂秧。将营养土风干、打细，用 5～7 毫米的筛子过筛备用。按每盘 1.5 千克左右备足，每亩大田备足床土 100 千克。营养土制作时，每亩大田取过筛细土 80 千克均匀拌和旱秧壮秧剂（具体用量按不同壮秧剂产品而定，并视床土的养分含量具体掌握），制成营养土作床土，拌用壮秧剂时间能早则早，以促进肥土相融。其余 20 千克未培肥过筛细土作盖籽土。

（4）薄膜、稻草和防虫网。一般每亩常规稻育秧需要 1.5 米宽的薄膜 10 米长，以用于播种后地面覆盖。每 50 张秧盘需准备 7 千克左右的整齐稻草，用于播种覆膜后遮阳。同时准备好防虫网，用于揭膜后防虫。

（5）苗床准备及秧板制作。苗床即摆放秧盘的秧田。秧苗在 2 叶期后，秧根便可通过塑盘的底部小孔下扎到苗床中，因而苗床的好坏是培育壮秧、防止烂秧的关键。旱育秧时宜选择地势高、光照好、土质松软肥沃、杂草少、靠近水源的旱地或菜地作苗床，要求床面平整，上紧下松，表土细碎，床土肥沃。每亩大田所需秧田的净面积 10~12 平方米。苗床的板面宽 1.5 米左右，根据薄膜的宽度、秧盘的排数及便于苗床管理操作而定，以横排 2 片或竖排 4 片秧盘为宜，长度视育秧数量而定，但不宜超过 15 米。秧板的制作方法：一是干整做板，先进行耕翻（深度 10 厘米左右），后开沟做板，沟宽 25 厘米、沟深 15~20 厘米，进行加工整理，力求平整细软。二是灌水验平，灌水或浇水洇足底墒，随即用木板塌平秧板，使之表面光平内部松软。摆盘前要将床面压平压实，最好铺一层泥土，以便于秧盘与苗床接触紧密。

4. 种子处理和播期确定

（1）做好种子处理。播前做好晒种、选种、浸种、消毒等工作，以提高发芽率、整齐度，减少种皮带病。播种前晒种 1~2 天。选种时可通过筛选、拣去破碎稻谷、盐水选种等确保种子饱满。浸种要与药剂处理相结合，有效控制恶苗病、干尖线虫病、条纹叶枯病、黑条矮缩病等病害。具体种子处理方法以及浸种时的药剂选用与方法，参照机插秧的种子处理。

（2）确定适宜播期。以在最适温度范围内能够安全齐穗和灌浆结实为原则，根据茬口、抛栽时间等具体情况，确定适宜播期。江苏省各地温度条件和栽培经验显示，徐淮稻区中粳稻最佳抽穗期为 8 月 20~25 日；江淮稻区中粳稻和早熟晚粳稻最佳抽穗期为 8 月 25~28 日；太湖稻区单季晚粳稻最佳抽穗为 8 月 28 日至 9 月 3 日。明确水稻生产区的水稻最佳抽穗期后，以某一个水稻品种从播种至最佳抽穗的积温或生育天数向前推算，并通过播期、移栽期试验资料，确定最佳播种期和移栽期。抛栽秧采用塑盘旱育，必须根据茬口安排，按照20～30天适龄移栽推算，确定具体的播种期。

5. 播种流程

（1）铺盘装泥。摆盘时，应相互紧贴，不留缝隙，以减少种子和营养土损失，防止秧田杂草从缝隙处长出而影响秧苗生长。秧盘摆放后，将准备好的专用营养土或肥沃细土装填盘孔中，先装至塑盘孔高的2/3处，浇透底水后即可播种。结合播前补水，用65%敌克松与水配制成1：（1 000～1 500）的药液，对床土进行喷浇消毒，以防旱育秧立枯病的发生。

（2）播种盖土。播种时用木板等挡在秧盘边上，先播2/3种子，再将剩余1/3种子来回补缺，以防止漏播，提高播种均匀度。播种后，用未拌过壮秧剂的营养土盖种至孔满，并扫净盘面泥土，以防串根，影响抛栽质量。洇足、洇透齐苗水，采用水壶淋浇，要浇透、浇足，如果采取灌水须速灌速排。

（3）覆膜盖草。齐苗水落干后，用泥将秧盘四周围起来，以防止跑墒，减少补水次数。并在盘面施杀虫剂和旱育秧除草剂，防控秧田害虫和杂草。然后在板面上每隔50～60厘米放一根芦苇及细竹竿，喷除草剂后半小时平盖地膜，也可在秧盘上撒些砻糠灰或盖上少量切碎的鲜草作隔离层，防止"贴膏药"闷芽。覆膜要严密，膜上覆盖稻草（保持10%～15%的透光率），膜内温度控制在28～35℃，防止高温烧种烧苗。覆膜盖草期间不需灌水，下雨天要及时排除秧田积水，雨后要将膜上积水清理掉，以防"贴膏药"。

6. 苗床管理

（1）及时揭膜。齐苗后及时揭膜，揭膜时间选择晴天傍晚或阴天上午，但不能在大雨前揭膜。揭膜后提倡采用防虫网覆盖防虫。

（2）水分管理。揭膜后浇透水，可沟灌洇水至床面，但洇水后要及时排干沟内积水。小面积育秧用喷壶浇水效果更好。秧苗生长期间的水分管理，掌握2叶期前盘土不干不浇水，2叶期后不卷叶不浇水的原则。麦茬稻育苗期间气温高，田间蒸发量大，一般可采用沟灌洇水方式培育秧苗。苗床过水时切忌大水浇灌和床面积水，要始终保持秧苗的旱生条件。如遇连续干旱，须在抛栽前1天补浇送嫁水（不宜灌水，否则起盘困难，易损坏秧盘），以免根球松散影响抛栽。

（3）肥料施用。床土肥沃的可不施断奶肥。但秧苗在1叶1心期叶色较淡时，每亩可施用尿素4～4.5千克，对水1 000千克浇施，以防止造成肥害。栽插前3～4天施好送嫁肥。叶色褪淡的秧苗，每亩用尿素4～4.5千克对水于傍晚均匀喷洒或泼浇，施后喷洒一次清水以防肥害烧苗；叶色正常、叶挺拔而不下披的秧苗，每亩用尿素1～1.5千克对水100～150千克进行根外喷施；叶色浓绿且叶片下披的秧苗，不需施肥。

（4）化控促壮。为促使秧苗矮壮、促进分蘖，同时减少抛栽时倒苗比例、提高抛栽质量，可在秧苗2叶1心期喷施多效唑等植物生长延缓剂。2叶1心期每50张秧盘用多效唑4克或矮苗壮8克配成药液均匀喷施，喷施时叶龄较大或抛栽延迟秧龄较长的，需要适当增加用量。床土培肥中拌用的壮秧剂中含有植物生长延缓剂成分的，秧苗期则不需要化控。

（5）病虫害防治。根据植保部门发布的信息，及时防治秧田期病虫害，重点把握好秧田一代灰飞虱的防治，控制条纹叶枯病和黑条矮缩病的发生，同时注意兼治一代螟虫、稻蓟马等病虫的为害。如不采用防虫网覆盖，则要求秧田期每隔 2 ~ 3 天用药防治灰飞虱一次。移栽前 2 ~ 3 天要注意用好"送嫁药"，做到带药移栽。

（三）水稻抛栽

1. 大田整地

抛秧稻整地要达到"平、浅、烂、净"。

一是田面要求平整。水稻抛秧对田块整地质量要求较高，同一块田内应"高低不过寸，寸水不露泥"，整块田高低差异应控制在 3 厘米以内。若田面不平，抛栽前撤水后，高处土壤水分少，秧苗往往因缺水而加重植伤，甚至被晒死；而低洼处积水超过适宜的水深，易导致秧苗横卧水上，遇风漂移，不利于立苗。

二是大田水层要浅。耙糖时田水浅，不但易于整平，而且对于沙性土还可趁耙后田面烂糊时抛栽。通常抛秧时水深控制在 0 ~ 2 厘米为最好。

三是耙平后有糊泥。田面土壤糊烂，抛栽秧苗入土较深，直立苗比例高，立苗快；反之如果田面土壤偏硬，秧苗根系不易入土或入土太浅，导致较多根系及分蘖节裸露在地面，直立苗比例低，立苗慢，后期易发生根倒伏。

四是田面要求干净。杂物要除净，浮物要捞走，田面无残渣、无瓦砾、无僵垡等杂物，以利于秧苗入土、根系及时下扎，减少漂浮秧。

2. 抛栽技术

（1）起秧。旱育秧田，可于起秧前一天晚上适量浇水，使盘土保持适宜的湿度，容易起秧、分秧，且根部带土坨，便于抛栽立苗。如发现盘土太湿，可将秧盘从秧床上揭起晾 1 ~ 2 小时，以降低土坨的湿度，提高土坨的强度，防止散坨。

（2）运秧。抛秧当天拔秧。运秧的方式有两种：一种是从苗床揭起秧盘，再将秧苗大把拔起，轻轻抖动，使土坨间分开，放入运秧的筝筐里，运送到大田；另一种是可整盘从苗床上起出，将软盘卷起，直接运送到田头，随拔随抛。

（3）抛秧。要求以龄定苗，以苗定盘，通常每亩抛栽 50 ~ 55 盘（按 90% 的成苗穴率计算），基本苗 6 万 ~ 8 万，密度 1.8 万 ~ 2 万穴。拔秧前先调查每盘平均秧苗穴数，根据计划密度，按既定秧盘数抛足，防止因秧苗倒伏而误认为密度过大而减少抛秧量。为有利于秧苗抛后缓苗活棵，要求晴天在下午抛，阴天和小雨天全天抛，大风大雨暂备用不抛。目前大面积生产上以人工抛秧为主，间或有用机械抛秧的情况。人工抛秧时，人在人行道上操作，一手提秧筐，一手抓秧抛。或直接将秧盘搭在一只胳膊上，抓起一把秧苗，抖动几下，使秧苗的根部相互分开，然后采取抛物线方位用力向空中抛 3 ~ 4 米，以土坨入土深度达 1 ~ 2 厘米为佳，如果秧苗入土浅，平躺苗多，则应增加抛散高度。抛秧时，一次抓秧不可过多或过少，以免抛散不匀，注意先抛远后抛近，先稀后密。遇风时，多采用顶风抛秧。大的田块先站在田埂上抛四周，然后下田抛中间；中小田块在田埂上直接抛。先抛 70% ~ 80% 秧苗，要尽量抛远、抛高，使秧苗尽可能散开，根球基本入土。然后每隔 3 ~ 4 米，清出一条宽 30 ~ 35 厘米的空幅道，留作挖搁田沟或管理作业行。沿走道下田，将剩余的 20%～30% 秧苗抛到稀的地方，与疏散堆子苗相结合做好匀密、补稀，确保抛秧田没有 0.1 平方米的无苗空白。提倡定向点抛，提高均匀度。抛秧期间，注意天气预报，选在抛后二三天内无雨的日子进行抛栽。抛栽时，要适当深栽，以防止分蘖节入土过浅。为控制抛栽深度，防止抛栽过深过浅，抛栽时做到田面基本无水层，土壤软烂。

（四）大田配套管理

1. 水浆管理

（1）抛后分蘖阶段。抛后立苗阶段，以保持田间湿润为主。由于塑盘旱育苗抛秧的发根力强，抛栽后阴天可不上水，晴天上薄水，晚上适当露田，2～3 天后断水落干，促进扎根立苗。抛后如遇大风大雨天气，做好"平水缺"，以及时排出田间积水，防止深水漂秧。活棵后做到浅水勤灌，宜建立 1～3 厘米的浅水层，促进分蘖，并注意适当露田。抛栽后长出第 2 张叶片后（抛后 5～7 天），应结合施分蘖肥建立 2～3 厘米浅水层。秸秆还田条件下，在栽后 2 个叶龄期内应有 2～3 次露田。

（2）搁田阶段。通常在群体茎蘖数达到预计穗数的 80% 左右时开始自然断水落干搁田，遵循"早搁、轻搁、多次搁"的原则。一般土壤肥力高、栽插密度大、品种分蘖力强、分蘖早、发苗足、苗势旺的田块，为了抑制无效分蘖的发生，搁田要相应提前；对于某些肥力不足，分蘖生长缓慢，水稻群体不足，总苗数迟迟达不到预期穗数指标的，可适当推迟搁田。第一次要搁到撑得住脚，踩上去田不回软，田边裂"芝麻缝"，然后复水，复水之后再搁。要求搁到田中土壤沉实不陷脚，叶色褪淡落黄即可，既抑制了无效分蘖的大量发生，使高峰苗数控制在适宜穗数值的 1.4～1.5 倍，又控制了基部节间的伸长，增强了群体抗倒能力。

（3）长穗阶段。这一时期稻株生长量迅速增大，既要有足够的灌水量满足稻株生长的需要，又要满足土壤通气对根系生长的需要。如果缺水干旱，极易造成颖花分化少而退化多、穗小、产量低，特别是在减数分裂期前后更不能缺水，否则将严重影响幼穗发育，造成颖花大量退化，粒数减少，结实率下降。此段时期宜采用浅湿交替灌溉。具体的灌溉方法：保持田间经常处于无水层状态，即灌一次 2～3 厘米深的水，自然落干后不立即灌第二次水，而是让稻田土壤露出水面透气，待水落干 3～5 天后再灌 2～3 厘米深的水，如此周而复始，形成浅水层与湿润交替的灌溉方式。剑叶露出以后，正是花粉母细胞减数分裂后期，此时田间应建立水层，并保持到抽穗前 2～3 天，然后再排水轻搁田，促使破口期"落黄"，以增加稻株的淀粉积累，促使抽穗整齐。

（4）抽穗结实阶段。抽穗期开花期，也是水稻对水分反应敏感的时期，缺水受旱后延迟抽穗或抽穗不齐，严重时抽穗开花困难，包颈、白穗增多，结实率大幅度降低，此期田间土壤含水量一般应达饱和状态，通常以建立薄水层为宜。抽穗开花期间，当日最高温度达到 35℃时，或是遇上寒露风的天气，应适当加深灌溉水层（水层可加深到 4～5 厘米），最好同时采用喷灌。抽穗开花后，籽粒开始灌浆，一般以浅湿交替灌溉的方式，即采用灌溉→落干→再灌溉→再落干的方法。水稻抽穗 20～25 天之后穗梢黄色下沉，即进入黄熟期。黄熟期水稻的耗水量已急剧下降，为了保证籽粒饱满，要采用干湿交替灌溉方式，并减少灌溉次数。收割前7天左右排水落干。生产上一定防止断水过早。

2. 肥料管理

（1）施肥原则。一是要增施有机肥。增施有机肥和在保证水稻正常生长的前提下尽可能地减少化学肥料的施用，是水稻高产、优质生产的一个施肥原则。稻田增施有机肥对于稻田的综合肥力，优化稻田环境，提高产量和改善稻米品质都有十分重要的作用。二是要平衡配方施肥。平衡配方施肥的核心是调节和解决水稻需肥与土壤供肥之间的矛盾，同时有针对性地补充水稻所需的营养元素，做到缺什么就补什么，需要多少就补多少，实现各种养分平衡供应，满足作物的需要。

（2）肥料运筹。生产上，精确施肥时通常运用斯坦福（Stanford）公式，即氮素施用量（千克/亩）=（目标产量需氮量－土壤供氮量）/氮肥当季利用率，来确定总施氮量，并注意增施磷、钾、硅以及微肥等，其中氮（N）：磷（P_2O_5）：钾（K_2O）比例要求达到1：0.5：0.7。单季粳稻亩产600~700千克的每100千克稻谷需氮量为1.9~2.0千克，基础产量300~400千克的地力水平的每100千克稻谷的需氮量为1.5~1.6千克，氮素当季利用率为42.5%（40%~45%）。从品质调优和产量提高两方面综合考虑，结合地力水平和目标产量合理确定化学氮肥施用量。通常情况下，目标亩产600~650千克，化学氮肥（N）每亩用量要控制在20~21千克以内（比习惯施肥平均调减3千克左右）；目标亩产650~700千克，每亩施氮量控制在21~22千克；目标亩产

700~750千克，每亩施氮量控制在22~23千克。对秸秆全量还田的前期可适当增施速效氮肥，调节碳、氮比至(20~25)：1，后期适当减施氮肥。对有机肥用量大的田块，要根据有机肥施用情况酌情调减化学氮肥用量。

抛秧稻高产栽培时，前期（基蘖肥）、后期（穗肥）施氮比例调整为6：4或5：5，前茬作物秸秆全量还田条件下，基蘖肥比例提高10%。磷、钾肥的施用参照测土配方施肥技术而定，磷肥100%作基肥，钾肥50%作基肥、50%作促花肥。

（3）前期肥料的施用。水稻前期施用的肥料主要是基肥和分蘖肥。基肥要做到深施，即先施肥再耕翻，并强调"以有机肥为主，有机肥和无机肥相结合，氮、磷、钾配合"的原则，同时重视硅、锌等微肥的施用。水稻是需硅较多的作物，一般每亩用20%硅肥10~20千克作基肥（也可用0.4%~0.5%的硅溶液根外喷施2~3次）。抛秧稻高产栽培时，基蘖肥中氮素的40%作基肥、60%作分蘖肥。分蘖肥在抛栽后5~7天施用，施用时间不宜过迟，过迟施用后肥效发挥正值高位分蘖盛发期，易导致群体大，成穗率低，每穗粒数少。分蘖肥施用时，应注意抢晴天施、浅水施，或是采用其他方法做到化肥深施。

（4）后期肥料的施用。高产栽培时其穗肥氮素施用视具体情况而定。群体苗情正常的田块，即稻株主茎5个伸长节间的，有效分蘖临界叶龄期（$N \sim n$）够苗后叶色开始褪淡落黄，穗肥分促花肥（倒4叶露尖）、保花肥（倒2叶露尖）两次施用，促花肥（氮素）占穗肥（氮素）总量的60%~70%，保花肥（氮素）占30%~40%；群体不足或叶色落黄较早的田块，即稻株主茎5个伸长节间的，有效分蘖临界叶龄期（$N \sim n$）不够苗，或群体落黄较早，应提早在倒 5 叶露尖开始施穗肥，并于倒 4 叶至倒 2 叶出生期间分三次施用，氮肥数量比原计划增加 10% 左右，三次的比例为 3：4：3；群体过大，叶色过深的田块，即有效分蘖临界叶龄期（$N \sim n$）以后顶 4 叶 > 顶 3 叶，穗肥一定要推迟到群体叶色落黄后才能施用，只要施一次，数量要减少。除此之外，对于前期施肥不足，表现脱肥发黄的田块，可在齐穗前后用 1% 的尿素溶液作根外追肥；对于有贪青徒长趋势的田块，可叶面喷施 1% ~ 2% 的过磷酸钙。

3. 病虫草害防治

根据区域水稻生产基地环境质量及不同层级（无公害、绿色与有机）清洁生产目标，严格执行不同层级病虫害防治技术标准，坚持"预防为主，综合防治"的原则，充分利用农业防治、生物防治和化学防治等措施，从稻田生态系统出发，综合考虑有害生物、有益生物及其他中性生物等环境因子，协调农业防治、物理防治、生物防治和化学防治，充分发挥作物、天敌、环境的综合效应，创造和形成一个有利于水稻生长和发育而不利于病虫害发生、发育的稻田生态系统，将病虫草害损失控制在经济允许水平以下，保证水稻高产、优质、低成本、（少）无害。农业防治措施主要有因地制宜选择抗性强的品种等；物理防治主要措施有育苗期防虫网覆盖和采用黑光灯、频振式杀虫灯等诱杀；生物防治主要是利用害虫天敌、应用生物农药等。稻田草害化除方面，选用安全高效除草剂于抛栽后 3 ~ 4 天和无效分蘖期通过两次高效化除技术基本消除杂草为害。对突发与常发病虫害，采用高效安全药剂，准量准时保质施药，特别应高度重视水稻条纹叶枯病、黑条矮缩病、纹枯病等综合防治。化学防治时，严禁使用国家禁用的农药，要选准药种、用准药量。具体病虫草防治的推荐农药品种及其注意事项参照第一部分。

三、水稻肥床旱育壮秧高产
栽培技术

水稻肥床旱育秧是指在肥沃、疏松、深厚的旱地苗床上，杜绝水层灌溉，通过控制水分的管理办法进行旱育秧，培育苗体健壮、发根力和抗逆性强的标准化壮秧，配套大田合理株行距、肥水调控等措施，构建高产优质群体，实现水稻高产优质的一项稻作技术。这项技术20世纪80年代从日本引进到我国东北稻区进行试验，后来由北向南逐步发展起来，各地在吸收日本寒地旱育稀植技术基础上，根据当地的生态环境、生产条件和技术水平，进行了相应的改进和完善，形成了不同地区各具特色的肥床旱育壮秧高产栽培技术体系。

（一）技术特征

1. 技术特点

由于肥床旱育秧具有苗体健壮、发根力和抗逆性强、易活棵早发和高产节本等优势。与水育秧或湿润育秧相比，利用旱地育秧，操作方便，同时具有省水、省稻种、省秧田，一般比湿润育秧节省水50%～60%、节省种子30%～50%、节省秧田70%～80%。根据生产需要，可培育出秧龄在18～45天的旱秧，品种选择的余地较大。通过培育矮壮秧、扩大移栽行距，多利用分蘖成穗，有利于协调水稻生长季节的诸多矛盾。实践表明，水稻肥床旱育秧对促进水稻高产稳产发挥了重要作用。

但是，由于农村劳力素质下降，致使肥床旱育秧技术在应用过程中，出现技术不到位，突出表现在苗床培肥标准不高、"旱育水管"现象较为普遍，部分稻区存在一定的"回水"现象，致使水稻秧苗素质有所下降，影响壮秧增产目标的实现。

2. 生育特性

肥床旱育秧栽植的主要生育特点：秧苗矮健，白根多，根系活力强，抗逆性好；返青成活快，分蘖发生早，分蘖旺盛，成穗率高，抗倒能力强，穗大粒多结实好。

3. 高产栽培策略

针对肥床旱育壮秧的生育特点，其高产栽培策略：通过苗床培肥措施，改善根系生长环境，保证秧根在干旱的生育环境中行使根系功能，严格控制苗床土壤水分，改变秧苗外部形态和内部结构，锻炼提高秧苗耐低温和干旱的能力；本田适当稀植，同时采取控水节氮措施，发挥旱秧本田期根、叶、蘖快速增长的优势，以多穗、大穗、高结实率夺取高产。即通过肥床、旱育、稀植、控水、节氮壮根的技术路线，提高秧苗素质，建立高产、高效栽培技术体系。

（二）水稻育秧

1. 壮秧标准

肥床旱育秧的健壮秧苗标准：一般秧龄在 30～40 天，叶龄 5～6 叶，苗高 15～20 厘米，平均单株带蘖 2～3 个，根系发达，根毛多而白，叶片短而厚，叶色青绿，植株矮壮老健，分蘖率高，单株带蘖多，无病虫为害。

旱育秧拔秧移栽时，5 叶期的秧苗，具备第 2 叶位主发根节位和第 1、第 3 两个辅助发根节位，有较强的发根力，可作为各类品种拔秧移栽的起始叶龄期。拔秧移栽的最适上限叶龄期，以移栽后至有效分蘖临界叶龄期，单季稻应有 5 个以上的叶龄期，以利在有效分蘖期显"黑"，完成穗数苗后，于无效分蘖期及时"落黄"。旱秧虽具有移栽后根系爆发力强的优势，但当秧龄超过 6 叶龄后，发根优势将逐步丧失，故旱秧的上限叶龄为 6 叶龄。如果秧龄过大，移栽后至有效分蘖叶龄期少于 3 个叶龄，如不采取特殊栽培技术，往往会造成无效分蘖期不能及时"落黄"，不利于高产群体的培育。

2. 品种选用

根据当地温光资源条件及茬口布局，选择生育期适宜的高产优质水稻品种。江苏省麦茬正常播栽条件下，淮北地区宜选用中熟中粳品种；苏中里下河、沿海地区宜选用迟熟中粳品种；沿江及苏南地区宜选用早熟晚粳品种。生产上，要优先在省推介的主推品种中选择适合本地的优良品种，不同区域的具体品种参照第一章。

肥床旱育秧的秧龄可长达 30~40 天，生产上应选用生育期略长、增产潜力大的高产优质水稻品种。

3. 苗床准备

旱育秧对苗床具有比较严格的要求，总体上必须达到"肥沃、疏松和深厚"。最适苗床的标准：pH 值为 4.5~5.5；有机质含量≥3%；速效氮、磷、钾分别达到 150 毫克/千克、20 毫克/千克、120 毫克/千克；床土厚 20 厘米；容重为 0.95 克/立方厘米；孔隙度 75%；松软似海绵，手捏成团，落地即散；富含微生物等。要育成高标准旱秧，首要的是建立高标准苗床基地。

要使床土肥沃、疏松和深厚，并能达到旱育控水管理的要求，选择好苗床是首要的环节。苗床宜选用土壤肥沃疏松、熟化程度高、杂草少、地下害虫少、鼠雀为害轻、没有污染的菜园地或永久性旱地作苗床。稻茬田由于地势低洼，地下水位高，土质一般较黏重，培肥和控水难度大，早春土温回升缓慢，不利于根系生长，故不宜选作苗床。为便于管理和防范禽畜等危害，秧床尽可能靠近水源和大田，并选择地势高的地块。

提倡规模化集中育秧，统一建立集中连片专用苗床基地。一方面，通过统一茬口布局、统一种植品种、统一苗床培肥、统一播种作业、统一秧田管理等，有效解决了长期以来"家家育秧、户户管理、难以育好秧、育壮秧"等问题；另一方面，便于实现一床多用、立体间套、多季培肥，达到"秧田进菜园，稻茬不育秧，秧田不栽稻，苗床变成立体高效种植田"的要求。

适宜的苗床面积应根据移栽大田面积和苗床大田比例确

定。移栽大田面积越大，需要的苗床面积越大。适宜苗床大田比例必须依据秧龄长短和栽插基本苗等因素来确定，秧龄越长或是栽插基本苗越多，苗床大田比例越高。在完全能够控水旱育的情况下，一般5~6叶中苗为1：（30~40），7~8叶大苗为1：（20~30）。但在实际生产中，露天育秧情况下常遇到雨水天气而又不能真正控水旱育，易使秧苗在苗床上暴发，难以达到严格意义上的旱壮秧要求，这种情况下只能降低苗床、大田比例，通常培育中、小苗的秧床大田比调为1：（20~30），而大苗可调整到1：15。

4. 苗床培肥

与水育秧或湿润育秧的常规秧田相比，旱育秧秧田培肥的关键是使苗床土层深厚、疏松、柔软有弹性，富含腐殖质，形成良好团粒结构，达到海绵状，所以要施用大量粗纤维有机质和家畜肥，采用分次干施、全层施肥方法，达到养分充足均衡。旱育秧的秧田培肥时间要早，必须在秋播时统一规划，有些地方把旱育秧苗床和油菜苗床或蔬菜大棚加以适当培肥，比较容易达到旱育秧苗床的要求，旱秧苗床培肥的用肥量要数倍于常规秧田。生产上，旱育秧的苗床培肥常用的有三期式培肥法和简易快速培肥法。

（1）三期式培肥法。三期式培肥，包括秋季培肥（或称冬前培肥）、春季培肥和播前培肥。实践表明，三期式培肥对床土理化性状的改善，尤其是土壤理化性状的改善较为理想。

秋季培肥应注意五个环节：一是以施用有机物为主，有机物一般用碎稻草，投入的数量要足；二是全层施肥，把有机物散布于0~20厘米土层中；三是要拌和均匀，采用分次投肥和薄片翻抄的方法，使肥土拌和均匀；四是配合施用速效氮素、加速腐熟分解有机物，作起动氮素，可用人畜粪尿；五是加覆盖物，进行保湿保温，以加速腐烂。一般采用干耕、干整、干施的全层施肥法，要求每平方米施用碎秸秆 2～3 千克、家畜粪 2～3 千克，另外加适量的速效氮、磷、钾肥。有机肥料应分层施用，速效化肥要提早施和分次施，耕作深度由深到浅。作业流程是：分三次把碎秸秆和土杂肥等有机物翻耕耖入 0～20 厘米的土层中，浇足人畜粪尿，加盖稻草或覆盖地膜等。

春季培肥必须施用腐熟的有机肥，要以播种前能充分腐烂为原则。施用宜早不宜迟，越早越好，坚持薄片翻耖入土并与床土拌和均匀。在翻耖时，发现大团未腐熟的有机物时，要随即清除掉。

播前培肥主要施用速效氮、磷、钾肥，以迅速提高供肥强度。培肥时间要在播前 15 天以上，以保证播种前氨态氮转化为硝态氮，以防止根系的"氨中毒"和肥害烧根死苗。适当增加磷、钾肥用量，注意氮、磷、钾平衡施用，促进根系生长，提高秧苗抗逆性。一般每平方米施用尿素 30～50 克、过磷酸钙 100～150 克、氯化钾 40～50 克，混合均匀后分三次撒施于床面，每次撒施后，都必须充分耖耙，使肥料均匀分布于 0～10 厘米的苗床土层中。

（2）简易快速培肥法。近几年来，随着培肥专用产品的研制与开发，苗床培肥的程序得到简化。简易快速培肥法是通过应用旱育秧苗床专用肥料等产品，于播种前一次性培肥并调酸调碱。与三期式培肥法相比，它省略了许多操作环节，培肥的用工和时间大幅度减少。实践表明，简易快速培肥法安全可靠、效果好，值得推广应用。各地应根据具体的情况，选择适宜的旱育秧苗床培肥专用产品。

5. 床土调酸与消毒

水稻属于喜弱酸性作物，偏酸性的土壤环境有利于提高主要矿物营养元素的有效性，有利于氧化作用、硝化作用和有益微生物的活动，对秧苗生长有利。此外，降低土壤 pH 值能抑制有害病菌的活动与侵染，尤其是在育秧期温度较低的稻区，是防止旱育秧苗立枯病、青枯病的有效手段。因此，对于 pH 值超过 7 的床土，一般都要进行调酸处理。

调酸的方法较多，常用的有两种类型：一是利用硫磺粉在土壤中分解后产生的酸性物质（也可用废硫酸）来降低土壤 pH 值；二是肥料调酸，即结合土壤培肥，施入足量的有机肥料和一定量的生理酸性肥料，降低土壤 pH 值。

利用硫磺粉进行调酸处理时应掌握好以下关键：①在施用时间上，以播前 20 天左右施用比较适宜。②在施用数量上，可依据土壤 pH 值来确定，通常 pH 值为 7 左右时，每平方米施用硫磺粉 100 ~ 150 克，而 pH 值为 6 左右时，每平方米施用硫磺粉 50 ~ 100 克。③施用要均匀，把捣碎的硫磺粉先与 5 千克熟床土均匀拌和后，再分次均匀拌和于 0 ~ 10 厘米床土层中。如果降雨较少、床土干燥时，必须浇水，维持土壤饱和含水量 15 ~ 20 天，以提高土壤微生物特别是硫磺菌的活性。

利用硫磺粉或废硫酸进行调酸，有严格的技术要求，调酸效果不稳定。总体上讲，床土调酸有利于秧根生长、提高秧苗素质，但其主要目的还是防止立枯病和青枯病的发生。水稻立枯病的发生，需要弱苗、低温和病原菌三个条件的同时存在，土壤碱性、pH 值高的主要为害只是不利于秧苗根系生长和秧苗质量的提高（易形成弱苗），对于播种期气温已经较高的长江中下游稻麦（油）两熟制的单季稻区，一般不进行调酸，可通过其他措施降低土壤 pH 值。例如：选用偏酸性的土壤作苗床；苗床上施用一些酸性肥料等；避免选用长期施用草木灰等碱性物质的田块作苗床等。

床土消毒也能抑制土壤中的病菌生长，增强秧苗抗逆性。在调酸的同时进行床土消毒，可达到经济有效的消毒防病效果，一般每平方米用 2～4 克敌克松对水 2 千克喷施，可控制与防治秧苗立枯病的发生与为害。

6. 苗床制作

在降雨较多的稻区，苗床要建立相对独立的排水系统。肥床旱育秧一般按照畦宽 140～150 厘米，沟宽 20～30 厘米，沟深 20 厘米的标准制作苗床，将床土敲碎整平，同时将酥松沟土或田埂土过筛作盖籽土，每亩备足 7 500～9 000 千克。为了达到雨止田干，内外沟系要配套，外围沟宽 30 厘米、深 50 厘米。

7. 提高播种质量

（1）做好种子处理。播前做好晒种、选种、浸种、消毒等工作，以提高发芽率、整齐度，减少种皮带病。播种前晒种 1～2 天。选种时可通过筛选、拣去破碎稻谷、盐水选种等确保种子饱满。浸种要与药剂处理相结合，有效控制恶苗病、干尖线虫病、条纹叶枯病、黑条矮缩病等病害。具体种子处理方法，以及浸种时的药剂选用与方法，参照机插秧的种子处理。为提高出苗率和整齐度，旱育秧只浸种不催芽。

（2）确定适宜播期。以在最适温度范围内能够安全齐穗和灌浆结实为原则，根据茬口、抛栽时间等具体情况，确定适宜播期。江苏省各地温度条件和栽培经验显示，徐淮稻区中粳稻最佳抽穗期为 8 月 20～25 日；江淮稻区中粳稻和早熟晚粳稻最佳抽穗期为 8 月 25～28 日；太湖稻区单季晚粳稻最佳抽穗为 8 月 28 日至 9 月 3 日。明确水稻生产区的水稻最佳抽穗期后，以某一个水稻品种从播种至最佳抽穗的积温或生育天数向前推算，并通过播期、移栽期试验资料，确定最佳播种期和移栽期。肥床旱育秧秧龄期较长，必须根据茬口安排，按照 30～40 天适龄移栽推算，确定具体的播种期。

（3）确定适宜播量。合理的播种量是培育壮秧的关键。由于旱育秧有别于湿润秧的生长特点，同秧龄旱育秧的适宜播种量可以比湿润秧大。生产上，应根据秧龄和秧田大田比来确定。5～6 叶中苗移栽的，每亩大田需 33 平方米左右的苗床（秧本比按 1：20 计算），每平方米苗床播种量折合干谷 90 克。

（4）播种方法。播种前，要准备好盖种土，一般选用苗床培肥土或与床土相同的肥沃疏松土，用直径 5 毫米的筛子过筛，每平方米准备 10～15 千克，作播种后盖种用。有条件的可用麦糠代替过筛床土，因为麦糠既能保湿有利于出苗，还能隔热降温防止烧苗。旱育秧的播种顺序是：苗床浇水→播种→盖种→洒水→喷除草剂→覆薄膜→盖草。①苗床浇水。苗床在整好压平的基础上，应浇透水，使 0～5 厘米土层水分达到饱和状态。②均匀播种。将芽谷均匀撒播在床面上，播种时按播量和面积称种，分两次均匀撒播，播后用木板轻压入土。③盖种。把预先准备好的过筛床土或麦糠均匀撒盖在床面上，盖种厚度以不见谷为度，一般盖土厚度 0.5～1 厘米，或盖麦糠厚度 1～2 厘米。④洒水。盖种后用喷壶喷湿盖种土或麦糠。⑤喷除草剂。畦面无积水后，应用旱育秧专用除草剂，防除苗床杂草。⑥覆盖薄膜。喷除草剂后，及时在苗床上平铺地膜保湿促齐苗。⑦盖草。遇日平均气温大于20℃时，应在地膜上加铺清洁秸草遮阳降温。盖草厚度以看不见农膜为宜，预防晴天中午高温灼伤幼芽。

8. 苗床管理

（1）及时揭膜。要经常检查膜上盖草，防止被风吹走，造成高温烫芽烧苗。播后5~7天齐苗现青时揭膜。一般晴天傍晚揭，阴天上午揭，雨天雨前揭。

（2）水分管理。揭膜后应及时浇透"揭膜水"，做到边揭膜边喷一次透水，以弥补土壤水分的不足，以防死苗。如遇高温天气，可在床面上撒铺一层薄薄的秸秆或遮阳，以减少水分蒸发和烈日灼晒。幼苗期前后对水分胁迫的忍耐性差异较大，1~2叶期的幼苗对水分胁迫有较大的忍耐性，而2~3叶期的幼小苗对水分胁迫的忍耐力最差，因此2~3叶期是防止死苗、提高成苗率的关键时期，要注意及时补水。四叶期以后是控水旱育培育壮秧的关键。当秧苗中午卷叶傍晚能舒展时可以不浇水，但傍晚前叶片还不能舒展吐露的，应在第二天上午及时补水（切忌中午浇冷水），但一次补水量不宜过大，喷水次数不能多。达到控上促下，育出根系发达、矮壮老健的旱育秧苗。移栽前一天傍晚，浇透水。

（3）肥料施用。旱育秧的苗床是经过严格培肥的，其供肥总量能充分满足旱育秧生长所需的肥料总量，并且养分全面、速效肥料含量高，但是由于苗床土壤处于相对干旱状态，没有水层存在，所以养分的移动性很差，导致根系吸肥不足，造成变相缺肥。此外，由于旱育秧体内流动自由水较少，蒸腾较弱，造成营养元素在体内分配不畅，因而旱育秧苗必须适时适量追肥。肥床旱育秧1叶1心期施断奶肥，每亩用尿素

7.5~10千克，3叶期施长粗肥，每亩用尿素7.5千克左右，4叶期后酌情补肥。每次追施肥料必须加水对成1%左右肥液均匀洒施，严防肥害烧苗。

（4）化控促壮。一叶一心时，每亩可使用15%多效唑可湿性粉剂120~180克对水30~40千克均匀喷雾，以矮化秧苗，促进分蘖。连年使用多效唑的老苗床用量要小，小苗移栽的用量要小；育苗期间多雨的用量要大，大苗移栽的用量要大。

（5）病虫害防治。根据植保部门发布的信息，及时防治秧田期病虫害，重点把握好秧田一代灰飞虱的防治，控制条纹叶枯病和黑条矮缩病的发生，同时注意兼治一代螟虫、稻蓟马等病虫的为害。移栽前2~3天要注意用好"送嫁药"，做到带药移栽。

（三）水稻移栽

1. 大田整地

由于旱育秧的秧苗株高通常只有同龄水秧的1/3~1/2。一方面要提高整地质量，提高对本田平整度；另一方面，对于土壤黏性较重的田块耕耙后，必须先沉实，后栽插，防止栽后因浮土下沉造成矮苗深栽。

2. 栽插技术

为了变旱秧分蘖的数量优势为质量优势，应适当稀植。通常情况下的栽插密度，常规粳稻每亩1.6万~1.8万穴，每穴2~3苗，亩基本苗6万~8万。水稻精确定量栽培时，根据 X

（亩合理基本苗）＝Y（每亩适宜穗数）/ES（单株可靠成穗数），进行群体基本苗精确计算，以确定基本苗。式中 ES 由移栽时带蘖成活数与有效分蘖临界叶龄期发生的分蘖数两部分组成。具体预算本田期有效分蘖发生数时，则根据移栽活棵后至 $N-n$ 叶龄期以前的有效分蘖叶龄数和相应的分蘖理论值，以及当地高产田平均的分蘖发生率（超高产栽培籼型杂交稻一般取 0.8，粳稻取 0.7）来计算。

在基本苗确定后，实现宽行窄株种植，扩大行距、缩小株距，可以推迟封行日期，有利于改善拔节到抽穗期的透光条件，有效地降低高峰苗数，提高分蘖成穗率，促进水稻个体健壮发育，能够增加穗数，促进大穗，解决多穗与大穗的矛盾；还有延缓中下部叶片和根系衰老，增加结实率和粒重的作用。有试验表明，在基本苗相近的情况下，扩大行距，在获得相近穗数时，有利于提高每穗粒数而获得较高产量。行株距配置要根据土壤肥力、生产条件、品种株高和产量水平而调整。一般产量高的，行距要大，产量低的，行距要小。对于常规粳稻品种，株高 110 厘米，株距 12 厘米，行距 28～30 厘米；株高 95～100 厘米，株距 12 厘米，行距 24～25 厘米；株高 80～90 厘米，株距 12 厘米，行距 21～23 厘米。通常情况下，每穴 2～3 苗，降低每穴茎蘖苗，可减少一穴中个体的竞争消耗。

通过基本苗的精确定量，扩大行距和肥料的合理运筹来构建高产群体，都是以浅插来保证的。浅插是不增加工本的高效栽培措施。目前，深栽往往是生产中一个普遍存在的问题。解决深栽的前提条件是表土要沉实，糊田后待泥浆水淀清后移栽，同时，夹秧手指入土要浅。

（四）大田配套管理

1. 水浆管理

（1）栽后分蘖阶段。栽插时田面保持薄水层，这样可以掌握株行距一致，插得深浅一致，插得浅、插得直，不漂秧，不缺穴，返青也快。插秧时气温较低的，水层可以浅些；而气温较高的，为避免搁伤秧苗，应根据苗高适当加深水层（一般3~5厘米为宜）。水稻秧苗移栽后，旱育秧苗根系活力强，在湿润条件下发根速度和分蘖发生加快，几乎没有缓苗期，通常情况下不需要深水护秧，但注意不能断水受旱。栽秧后5~7天，是田间杂草大量集中萌发时期，应选用适宜的除草剂建立浅水层进行土壤封闭处理。施用除草剂后，必须按照相应的要求保持3~5天不排水，若缺水需及时补水。

分蘖期以浅水灌溉为主，勤灌浅灌，只保持1~2厘米水层。或是实行间歇灌溉，方法是田间灌一次水，保持3~5天浅水层，以后让其自然落干，待田面无明水、土壤湿润时，再灌一次水。实样可使田间水、肥、气、热比较协调，稻株基部受光充足，分蘖发生早，根系发达。分蘖期若田间灌水过深，将妨碍田间土温的上升或使水稻分蘖节部位昼夜温差过小，影响分蘖的早生快发；同时，水层过深使得土壤通气不良，可加剧土壤中有害物质的积累，影响根系生长和吸收能力，严重时出现黑根、烂根。分蘖期的水浆管理还要根据具体的田块类型有所区别。例如：土质黏重田块，或高肥田块，秧苗返青早的宜湿润灌溉；土质差的，或中低肥力的稻田，要保持较长时间的浅水层；个别深脚、烂泥、冷浸田还可排水晾田或保持极薄水层。

（2）搁田阶段。通常在群体茎蘖数达到预计穗数的80%左右时开始自然断水落干搁田，遵循"早搁、轻搁、多次搁"的原则。一般土壤肥力高、栽插密度大、品种分蘖力强、分蘖早、发苗足、苗势旺的田块，为了抑制无效分蘖的发生，搁田要相应提前；对于某些肥力不足，分蘖生长缓慢，水稻群体不足，总苗数迟迟达不到预期穗数指标的，可适当推迟搁田。第一次要搁到撑得住脚，踩上去田不回软，田边裂"芝麻缝"，然后复水，复水之后再搁。即每次搁田时间约为0.5个叶龄期（即4~5天），搁田后当0~5厘米土层的含水量达最大持水量的70%~80%时再复水。搁田的轻重程度根据稻苗生长情况和土壤情况而定。稻田施肥足，秧苗长势旺，发苗快，叶色浓绿，叶片生长披垂的宜重搁；而长势差，叶色淡的要轻搁，一般搁到田中间泥土沉实，脚踩不陷，田边呈鸡爪裂缝，叶色稍为转淡为宜。通常地势高爽、沙质土要轻搁；地势低洼、黏质土要重搁。要求搁到田中土壤沉实不陷脚，叶色褪淡落黄即可，既抑制了无效分蘖的大量发生，使高峰苗数控制在适宜穗数值的1.4~1.5倍，又控制了基部节间的伸长，增强了群体抗倒能力。

（3）长穗阶段。这一时期稻株生长量迅速增大，既要有足够的灌水量满足稻株生长的需要，又要满足土壤通气对根系生长的需要。如果缺水干旱，极易造成颖花分化少而退化多、穗小、产量低，特别是在减数分裂期前后更不能缺水，否则将严重影响幼穗发育，造成颖花大量退化，粒数减少，结实率下降。此段时期宜采用浅湿交替灌溉。具体的灌溉方法：保持田间经常处于无水层状态，即灌一次2~3厘米深的水，自然落干后不立即灌第二次水，而是让稻田土壤露出水面透气，待水落干3~5天后再灌2~3厘米深的水，如此周而复始，形成浅水层与湿润交替的灌溉方式。剑叶露出以后，正是花粉母细胞减数分裂后期，此时田间应建立水层，并保持到抽穗前2~3天，然后再排水轻搁田，促使破口期"落黄"，以增加稻株的淀粉积累，促使抽穗整齐。

（4）抽穗结实阶段。抽穗期开花期，也是水稻对水分反应敏感的时期，缺水受旱后延迟抽穗或抽穗不齐，严重时抽穗开花困难，包颈、白穗增多，结实率大幅度降低，此期田间土壤含水量一般应达饱和状态，通常以建立薄水层为宜。抽穗开花期间，当日最高温度达到35℃时，或是遇上寒露风的天气，应适当加深灌溉水层（水层可加深到4~5厘米），最好同时采用喷灌。抽穗开花后，籽粒开始灌浆，一般以浅湿交替灌溉的方式，即采用灌溉→落干→再灌溉→再落干的方法。水稻抽穗20~25天之后穗梢黄色下沉，即进入黄熟期。黄熟期水稻的耗水量已急剧下降，为了保证籽粒饱满，要采用干湿交替灌溉方式，并减少灌溉次数。收割前7天左右排水落干。生产上一定防止断水过早。

2. 肥料管理

（1）施肥原则。一是要增施有机肥。增施有机肥和在保证水稻正常生长的前提下尽可能地减少化学肥料的施用，是水稻高产、优质生产的一个施肥原则。稻田增施有机肥对于稻田的综合肥力，优化稻田环境，提高产量和改善稻米品质都有十分重要的作用。二是要平衡配方施肥。平衡配方施肥的核心是调节和解决水稻需肥与土壤供肥之间的矛盾，同时有针对性地补充水稻所需的营养元素，做到缺什么就补什么，需要多少就补多少，实现各种养分平衡供应，满足作物的需要。

（2）肥料运筹。生产上，精确施肥时通常运用斯坦福（Stanford）公式，即氮素施用量（千克/亩）=（目标产量需氮量－土壤供氮量）/氮肥当季利用率，来确定总施氮量，并注意增施磷、钾、硅以及微肥等，其中，氮（N）：磷（P_2O_5）：钾（K_2O）比例要求达到 1∶0.5∶0.7。单季粳稻亩产 600～700 千克的每 100 千克稻谷需氮量为 1.9～2.0 千克，基础产量 300～400 千克的地力水平的每 100 千克稻谷的需氮量为 1.5～1.6 千克，氮素当季利用率为 42.5%（40%～45%）。从品质调优和产量提高两方面综合考虑，结合地力水平和目标产量合理确定化学氮肥施用量。通常情况下，目标亩产 600～650 千克，化学氮肥（N）每亩用量要控制在 20～21 千克以内（比习惯施肥平均调减 3 千克左右）；目标亩产 650～700 千克，每亩施氮量控制在 21～22 千克；目标亩产 700～750 千克，每亩施氮量控制在 22～23 千克。对秸秆全量还田的前期可适当增施速效氮肥，调节碳、氮比至（20～25）∶1，后期适当减施氮肥。对有机肥用量大的田块，要根据有机肥施用情况酌情调减化学氮肥用量。

肥床旱育秧栽插稻高产栽培时，前期（基蘖肥）、后期（穗肥）施氮比例，一般田块为 5.5∶4.5，地力较瘦的为 6∶4，地力较高的为（4.5～5.0）∶（5.5～5.0）。磷、钾肥的施用参照测土配方施肥技术而定，磷肥 100% 作基肥，钾肥 50% 作基肥、50% 作促花肥。

（3）前期肥料的施用。水稻前期施用的肥料主要是基肥和分蘖肥。基肥强调"以有机肥为主，有机肥和无机肥相结合，氮、磷、钾配合"的原则，同时重视硅、锌等微肥的施用。水稻是需硅较多的作物，一般每亩用 20% 硅肥 10～20 千克作基肥（也可用 0.4%～0.5% 的硅溶液根外喷施 2～3 次）。

肥床旱育秧栽插稻高产栽培时，基肥一般占基蘖肥总量（氮）的70%～80%，分蘖肥占基蘖肥总量（氮）的20%～30%，以减少氮素损失。基肥在整地时施入土中，部分作面肥。分蘖肥一般在前期施用1次，通常在秧苗长出新根后及早施用，一般在移栽后1个叶龄（栽后5～7天）施用，切忌在分蘖中后期施肥，以免导致无效分蘖期旺长，群体不能正常落"黄"。如果遇分蘖后期群体不足，宁可通过穗肥补救，也不能在分蘖后期补肥。主茎17叶左右的中稻品种，大苗（8叶左右）移栽时，因移栽后离"落黄"期很近（3～4个叶龄），故分蘖肥应提早作面肥施用，以保证无效分蘖肥正常落黄。分蘖肥施用时，应注意抢晴天施、浅水施，或是采用其他方法做到化肥深施。

（4）后期肥料的施用。高产栽培时其穗肥氮素施用视具体情况而定。群体苗情正常的田块，即稻株主茎5个伸长节间的，有效分蘖临界叶龄期（$N \sim n$）够苗后叶色开始褪淡落黄，穗肥分促花肥（倒4叶露尖）、保花肥（倒2叶露尖）两次施用，促花肥（氮素）占穗肥（氮素）总量的60%～70%，保花肥（氮素）占30%～40%；群体不足或叶色落黄较早的田块，即稻株主茎5个伸长节间的，有效分蘖临界叶龄期（$N \sim n$）不够苗，或群体落黄较早，应提早在倒5叶露尖开始施穗肥，并于倒4叶至倒2叶出生期间分三次施用，氮肥数量比原计划增加10%左右，三次的比例为3：4：3；群体过大，叶色过深的田块，即有效分蘖临界叶龄期（$N \sim n$）以后顶4叶＞顶3叶，穗肥一定要推迟到群体叶色落黄后才能施用，只要施一次，数量要减少。除此之外，对于前期施肥不足，表现脱肥发黄的田块，可在齐穗前后用1%的尿素溶液作根外追肥；对于有贪青徒长趋势的田块，可叶面喷施1%～2%的过磷酸钙。

3. 病虫草害防治

根据区域水稻生产基地环境质量及不同层级（无公害、绿色与有机）清洁生产目标，严格执行不同层级病虫害防治技术标准，坚持"预防为主，综合防治"的原则，充分利用农业防治、生物防治和化学防治等措施，从稻田生态系统出发，综合考虑有害生物、有益生物及其他中性生物等环境因子，协调农业防治、物理防治、生物防治和化学防治，充分发挥作物、天敌、环境的综合效应，创造和形成一个有利于水稻生长和发育而不利于病虫害发生、发育的稻田生态系统，将病虫草害损失控制在经济允许水平以下，保证水稻高产、优质、低成本、（少）无害。农业防治措施主要有因地制宜选择抗性强的品种等；物理防治主要措施有育苗期防虫网覆盖和采用黑光灯、频振式杀虫灯等诱杀；生物防治主要是利用害虫天敌、应用生物农药等。稻田草害化除方面，选用安全高效除草剂于移栽后 3~4 天和无效分蘖期通过两次高效化除技术基本消除杂草为害。对突发与常发病虫害，采用高效安全药剂，准量准时保质施药，特别应高度重视水稻条纹叶枯病、黑条矮缩病、纹枯病等综合防治。化学防治时，严禁使用国家禁用的农药，要选准药种、用准药量。具体病虫草防治的推荐农药品种及其注意事项参照第一部分。

四、麦秸机械还田轻简稻作技术

农作物秸秆的合理利用问题直接关系到土壤肥力、水土保持、生态环境的维护、可再生资源的利用以及生产安全等可持续发展问题。随着农作物单产的提高，单位面积的秸秆量不断增加，秸秆资源大量过剩问题日益突出。由于大量秸秆都在传统种植方式下被付之一炬，从而造成农业生态环境污染、资源浪费和安全隐患。农业生产大量投入化肥也不利于土壤耕层质量的提升，并加剧了江河湖泊的富营养化、地下硝酸盐浓度升高等环境恶化问题。农作物秸秆是一种含碳丰富的能源材料，秸秆还田对保持和提高土壤肥力以及农业的可持续发展均有重要用。其基本原理：应用土壤生态系统的养分循环原理和作物的矿质营养学说，将作物产量以外的矿物质养分通过秸秆还田途径重新归还土壤，维持土壤的协调平衡，使土壤进入良性循环；应用生态学原理，充分利用秸秆资源，进行改土增肥，防止水土流失，有效抑制收获季节农作物秸秆焚烧，减少环境污染；应用耕作学原理，使草土充分混合，加快秸秆与土壤微生物接触，加速秸秆腐解，同时集成配套肥水优化管理技术，是发展生态农业、促进农业可持续发展的重要途径之一，能够达到水稻高产、优质、高效、生态、安全的综合目标，具有显著的经济、生态、社会效益。

（一）技术特征

1. 技术特点

麦秸机械还田轻简稻作技术，是在收获小麦时，将秸秆用机械切碎分散于田面，通过机械旋耕将之与泥土混合还田后，采用水稻机插、抛秧等栽培方式，实现麦秸秆还田与水稻种植轻型简化相结合的稻作技术体系。麦秸机械还田轻简稻作，通过机械化作业，可实现规模化秸秆还田，实现小麦秸秆肥料化利用。据试验研究，每亩 300 千克麦秸还田相当于向土壤中投入纯氮 1.92 千克、五氧化二磷 0.87 千克、氧化钾 3.2 千克，折合尿素 4.2 千克、过磷酸钙 6.7 千克、氯化钾 5.4 千克；连续三年秸秆还田土壤有机质可提高 19%。秸秆还田后土壤粗微团聚体增大，通透性改善，微生物中的细菌、放线菌和真菌数量增加，保肥供肥能力明显增强。通常可增产 5% ~ 6%，同时稻米品质也明显得到改善。

麦秸旋耕还田后土壤表面残留部分碎草，因此在不影响稻作的前提下，需确定合理的残留碎草量。一般田面允许露草量以每平方米竖立的碎草在 91 根之内为宜。麦秸旋耕还田，导致表土层麦秸量增加，土体疏松度增加，土壤孔隙度和持水量提高，沉实度降低，容易导致根部倒伏。在水稻生长过程中，麦秸腐烂向土壤排放有机酸和有害物质增加，前期水浆管理不当，生长容易受到抑制，发苗慢。麦秸腐烂过程中，前期耗氮、后期释氮。

2. 生育特性

麦秸还田的稻株生长具有"前期生长缓慢、中期生长加快、后期生长活力增强"的特点。

麦秸还田条件下,水稻茎蘖发生数、叶面积指数及干物质积累量在穗分化期前低于秸秆不还田处理;抽穗期的生长已接近或超过秸秆不还田处理。抽穗至成熟期的物质生产能力显著高于秸秆不还田处理;在产量形成上表现为"穗少、粒多、结实率和千粒重高"。

麦秸机械旋耕还田后,在水稻生长前期,土壤微生物迅速增加。由于微生物分解秸秆过程中,同化土壤碳素和吸收速效氮素,以合成细胞体,使土壤氮供应量有所下降,从而影响水稻前期的生长发育,因此,水稻前期生长量相对较小,表现为前期生长受抑制,发苗慢。而到抽穗期,秸秆分解由吸氮转化为释氮,土壤供肥强度增大,群体质量得到了全面优化,源库关系得到充分协调。秸秆还田能有效改善土壤理化结构,明显提高土壤氮和有机质含量,尤其提高了土壤的供钾水平和作物的吸钾能力;由于土壤团聚体的形成,增强了土壤的通透性,减少了还原性物质的积累,植株生长旺盛,促进碳水化合物向根系的运转,使得根系发达,根系活力明显增加。

3. 高产栽培策略

小麦秸秆机械化全量还田要遵循"机械收割→充分切碎→人工匀草→施足基肥→上水泡田→旋耕灭茬(捞取浮草)→正常栽(抛)"等作业流程。针对麦秸还田后水稻生长发育特点,其高产栽培关键环节是促进水稻前期早发。根据秸秆还田条件下水稻生育规律，结合大面积生产实践，秸秆还田水稻的栽培调控技术环节有：

一是提高秸秆还田质量。如果还田秸秆在稻田漂浮，埋草效果差，埋草率降低，对机插秧和抛栽秧均有较大的不利影响，因而要严格遵循机械化全量还田作业流程，确保秸秆还田的埋草质量。

二是适当增加前期施氮量。小麦秸秆全量还田的草量大，而秸秆本身的碳、氮比例为100：2左右，微生物腐解秸秆所需的比例为100：4左右，秸秆在腐解为有机肥的过程中需从土壤中吸收氮等元素，形成了与秧苗争夺氮素肥料，影响水稻分蘖早发，因而要补施一定量的氮肥。一般每亩还田400千克秸秆时，基苗肥需增施尿素4~5千克。根据秸秆腐解先耗氮后释氮的状况，施氮比例当前移，与秸秆不还田相比，基蘖肥施氮比例通常提高10%，穗肥施氮比例降低10%。根据江苏高产粳稻氮肥施用比例［基蘖肥：穗肥为（5~6）：（5~4），调整为（6~7）：（4~3）］，促前保后，优化水稻群体质量。

三是优化水浆管理。麦草全量还田有个腐烂发酵过程，容易产生有毒物质如硫化氢、甲烷等，危害根系，造成根系发黄发黑，抑制稻苗新根发生和吸收功能，造成水稻僵苗。因而，生产上以加速秸秆腐烂、通气增氧、排除毒素和沉实土壤以防控倒伏为目标，优化稻田水浆管理。

（二）麦秸机械还田

1. 机械收割、秸秆切碎并匀铺

大面积的小麦单产通常在 400 千克左右，每亩的小麦秸秆数量也在 400 千克以上。生产上，在机械旋耕灭茬过程中，要使 80% 以上的麦草埋入土壤中，才能保证下茬播栽质量。据观察结果：秸秆长 5 厘米、15 厘米、30 厘米，一次性耕整埋秸秆率分别为 90%、87% 和 63%，以切碎秸秆长度 5~10 厘米长的埋秸秆效果最好。实践表明，小于 8 厘米长的麦秸秆比较容易埋入土中。因此在机械收割小麦时，用半喂入式联合收割机收割，留茬高度 10~15 厘米，应安装秸秆切碎效果较好的装置，调整切碎机的切草刀片间距并开启秸秆切碎装置，将小麦秸秆切成 5~10 厘米的小段，均匀撒于田间。或用桂林类联合收割机滚动式扎碎麦秸秆，人工分散于田面。

秸秆全量还田时切碎秸秆在田间分布的均匀程度，直接影响水稻栽后成苗率和每亩基本苗，从而影响成穗数和产量。因此在上水泡田、旋耕灭茬之前，必须人工匀草，严防碎草成堆而导致的栽后稻田发酵死苗。

2. 施足基肥、上水泡田

为了加速麦秸秆腐烂速度，减轻埋秸秆后腐烂释放毒素压力，尽可能提早上水泡田。通过上水泡田，泡松土壤，软化秸秆，提高机械旋耕埋秸秆作业的效率。秸秆分解初期由于微生物争氮，会降低土壤中氮含量，在放水泡田前应补施一定量的氮肥，按每百千克秸秆增施 1 千克纯氮（尿素约 2.2 千克），同时补足磷、钾肥。施基肥后放水泡田，浸泡时间以泡软秸秆、泡透耕作层为度。一般浸泡 12 小时秸秆软化，壤土地浸泡 24 小时，黏土地浸泡 36~48 小时。浸泡时间过短，耕作层泡不透，作业时土壤起浆度低，秸秆和泥浆不能充分混合，田面平整度低；浸泡时间过长，沙土和黏土会造成土壤板结，不利于埋草和起浆。

3. 机械旋耕还田、捞取浮草

选择与中型拖拉机相配套的高效低耗秸秆还田机械。旋耕深度要求达到 15 厘米以上。据相关资料，随着旋耕深度的增加，泥土和麦秸的混合效果提高，旋耕深度由 10 厘米增加到 15 厘米的埋秸率由 68% 提高到 88%。新型机械正旋埋草、带水旋耕，有利于提高机械作业效率和埋草效率。同时，带水旋耕减轻了机械负荷和动力消耗，特别是提高了旋耕埋草田面的平整度，旋耕一次能实现埋草和平整田地两项操作。作业时采取横竖两遍作业，第一遍顺田间长度采用套耕作业法，避免漏耕，可以适当重耕，以提高埋草效果；第二遍可以采用"绕行法"找平，并适当提高作业速度。机械还田时要严格控制水层，以田面高处见墩、低处有水，作业时不起浪为度。水层过深，浮草增多，表层泥土不易起浆，泥草混合难以均匀，影响一次性耕整平整度和水稻机插作业质量。水层过浅，加大机械负荷，且不利于田面平整。旋耕后田面露草量以每平方米竖立的碎草在 91 根之内为宜。

手扶拖拉机旋耕埋秸需将水田行走"防滑轮"改装为 45 厘米宽的"压草轮"旋耕两遍，以提高埋秸耕整平整度。

旋耕灭茬后，需要人工捞去浮草。

4. 正常栽（抛）

抛栽稻在旋耕整平田面后即可进行抛秧。抛栽方法、抛栽密度与常规抛秧相同。

机插稻根据土壤质地，在田面整平待土壤沉实 2 ~ 3 天后进行机插秧，根据还埋秸秆田的土壤沉实情况，调整好宜栽深度，并根据品种确定插秧密度，栽插密度与常规机插秧密度相同。

（三）水稻配套管理

1. 选择适宜品种

根据茬口、品种特性、稻作方式及安全齐穗期，合理选用适合当地应用的综合性状协调的高产优质品种。例如：在江苏省的麦（油菜）茬正常播栽条件下，淮北地区宜选用中熟中粳品种；苏中里下河、沿海地区宜选用迟熟中粳品种为主；沿江及苏南地区宜选用早熟晚粳品种。生产上，要优先在省推介的主推品种中选择适合本地的优良品种，不同区域的具体品种参照第一部分。

2. 培育标准壮秧

（1）适期播种。根据当地水稻在最适温度范围内能够安全齐穗和灌浆结实，以及适宜秧龄及机插（抛栽）茬口，确定适宜播种期。机插秧适宜秧龄 15 ~ 20 天，抛栽秧适宜秧龄 20 ~ 30 天。

（2）明确壮秧标准。机插秧的健壮秧苗标准：叶龄 3 ~ 4

叶，苗基部茎宽 2~2.5 毫米，单株白根数 10 条以上，地上百株干重 2.5~3.5 毫克，秧苗最佳高度为 12~15 厘米，适宜高度为 10~20 厘米，每平方厘米成苗 1.5~3 株，苗挺叶绿，基部粗扁有弹性，秧苗整齐，无病虫为害。根部盘结牢固，秧块提起后不散落，盘根带土厚度 2.0~2.5 厘米，厚薄一致，形如毯状。塑盘旱育抛秧的健壮秧苗标准：叶龄 4~5 叶，苗高 15~20 厘米，成秧率 85% 以上，单穴成苗粳稻 3~4 苗的占 85% 以上，单株带蘖 0.5 个左右，空穴率 5% 以下。要求秧苗壮而不嫩，根多根白，苗健叶挺，秧苗整齐均匀无病虫为害，穴与穴之间无窜根连结。

（3）做好苗床培肥。一是合理选择秧池。机插秧育秧、塑盘抛秧育秧应选择土壤肥沃、排水良好、靠近大田和水源的稻田。秧池应尽量集中，实现规模连片育秧。二是确定秧大田比例。机插秧育秧一般为 1∶（80~100）；塑盘抛秧育秧一般为 1∶（35~40）。三是加强苗床培肥。当前，对冬、春未培肥或施肥量不足的机插秧育秧、塑盘抛秧育秧的营养土，宜使用"壮秧营养剂"等苗床专用肥料"临时"培肥，在播种前 1~2 天按产品标准使用量施入，浅耙混匀后即可播种，既简化培肥程序，减少工作量，又能提高苗床质量。

（4）精细制作秧板。机插秧育秧苗床一般畦面宽 140 厘米，沟宽 25 厘米，沟深 15 厘米，长度因田宽而定，田周围沟宽 30 厘米，深 25 厘米。在播种前 10~15 天上水耖田耙地，开沟做板，秧板做好后排水晾板，使板面沉实，播前两天铲高补低，填平裂缝，并充分拍实；也可选择土壤肥沃的歇冬田，直接在板田上开沟做畦，干整干做，铲除稻桩、杂草等杂物，削高填低，充分拍实，播前 2 天上水验平。板面达到"实、平、光、直"。塑盘抛秧育秧要按照畦宽 140 厘米，可放两排秧盘，沟宽 20～30 厘米，沟深 20 厘米的标准制作秧板，播前2 天做好秧板，秧板要求"平、光、浆（板面有泥浆）"，无杂物、无脚印塘，沟直、沟清。

（5）提高播种质量。一是做好种子处理。播前做好晒种、选种、浸种、消毒等工作，以提高发芽率、整齐度，减少种皮带病。浸种要与药剂处理相结合，有效控制恶苗病、干尖线虫病、条纹叶枯病、黑条矮缩病等。为提高出苗率和整齐度，机插秧和塑盘抛秧育秧催芽至露白。二是精准均匀播种。机插秧和塑盘抛秧每亩大田用种量 3～4 千克，有条件的尽量采用机械流水线播种，提高播种均匀度。

（6）加强秧田管理。一是科学用水。机插秧育秧揭膜前保持盘面湿润不发白，缺水补水。揭膜至 2 叶期前建立平沟水，保持盘面湿润不发白，盘土含水又透气，以利秧苗盘根。2～3 叶期视天气情况勤灌跑马水，做到前水不接后水。移栽前 3～4 天，灌半沟水蹲苗，以利于机插。塑盘抛秧育秧播后至 1 叶 1 心期保持畦面湿润，1～3 叶期以浅水、湿润为主，3叶期后严格旱管，看苗补水，当秧苗发生卷叶到第二天早晨尚未完全展开再补水。秧田后期如遇连续阴雨，须及时排水降渍，防止肥水碰头秧苗窜高；如遇连续干旱，须在抛栽前 1 天补浇送嫁水（不宜灌水，否则起盘困难，易损坏秧盘），以免根球松散影响抛栽。二是适时适量追施苗肥。使用壮秧营养剂的机插秧育秧一般不需追肥，但秧苗在 1 叶 1 心期叶色较淡时，每亩可施用尿素 4～4.5 千克，于傍晚待秧苗叶尖吐水时建立薄水层后均匀撒施或对水 1 000 千克浇施。塑盘抛秧育秧1 叶 1 心期和起秧前 2～3 天，建立水层后每次亩施尿素 4～5千克。三是及时防治病虫草害。根据植保部门发布的信息，及时防治秧田期病虫草害，重点把握好秧田一代灰飞虱的防治，控制条纹叶枯病和黑条矮缩病的发生，同时注意兼治一代螟虫、稻蓟马等病虫的为害。移栽前2~3天要注意用好"送嫁药"，做到带药移栽。

3. 水稻机插（或抛秧）

（1）水稻机插。机插时田间水深要适宜，一般水层深度保持1~2厘米。插秧时要根据秧苗的密度，调节确定适宜的穴距与取秧量，以保证每亩大田适宜的基本苗。生育期长的、早栽的、分蘖力强的大穗型品种（特别是杂交稻组合），栽插密度以亩栽1.5万~1.7万穴、每穴2苗左右为宜；一般穗数型或穗粒兼顾型品种栽插密度宜每亩1.7万~1.9万穴、每穴3苗左右。通常情况下，中等地力和施肥水平的田块，常规粳稻基本苗6万~8万/亩，杂交稻3万~4万/亩。机插秧的行距30厘米，株距可按需要进行调整，栽植穴苗数可调节秧爪取秧面积来调节。栽插深度1.5~2厘米，以入泥为宜，不漂不倒。做到清水淀板，薄水浅栽，确保直行、足苗。栽插结束后如出现缺苗、断垄、漂秧、浮秧，要进行人工补缺，并及时上水3~4厘米，促进返青活棵。

（2）水稻抛秧。要求以龄定苗，以苗定盘，通常每亩抛栽50~55盘（按90%的成苗穴率计算），基本苗6万~8万，密度1.8万~2万穴。抛栽时做到田面基本无水层，土壤软烂。要求晴天在下午抛，阴天和小雨天全天抛，大风大雨暂备用不抛。先抛70%~80%秧苗，要尽量抛远、抛高，使秧苗尽可能散开，根球基本入土。然后每隔3~4米，清出一条宽30~35厘米的空幅道，留作挖搁田沟或管理作业行。沿走道下田，将剩余的20%~30%秧苗抛到稀的地方，与疏散堆子苗相结合做好匀密、补稀，确保抛秧田没有0.1平方米的无苗空白。提倡定向点抛，提高均匀度。抛秧期间，注意天气预报，选在抛后二三天内无雨的日子进行抛栽。抛栽时，要适当深栽，以防止分蘖节入土过浅。为控制抛栽深度，防止抛栽过深过浅，抛栽时做到田面基本无水层，土壤软烂。

4. 大田期肥料管理

（1）肥料运筹原则。针对麦秸还田的田块前期耗氮、后期释氮的特点，要适当增加前期基蘖肥用量及施用比例，缓解前期麦秸腐烂耗氮矛盾，后期随着麦秸分解速度的减弱，被固定的氮素会慢慢释放出来，在水稻生长后期应减少氮肥用量。根据秸秆还田量科学调碳氮比，一般为（20～25）∶1。氮肥前移是以精确定量施肥为前提，对于常规的基、蘖肥比例偏高的施肥方式，则不需要继续增加前期氮肥用量。

（2）肥料施用量及其运筹。生产上，精确施肥时通常运用斯坦福（Stanford）公式，即氮素施用量（千克/亩）=（目标产量需氮量－土壤供氮量）／氮肥当季利用率，来确定总施氮量，并注意增施磷、钾、硅以及微肥等，其中氮（N）∶磷（P_2O_5）∶钾（K_2O）比例要求达到1∶0.5∶0.7。单季粳稻亩产600～700千克的每100千克稻谷需氮量为1.9～2.0千克，基础产量300～400千克的地力水平的每100千克稻谷的需氮量为1.5～1.6千克，氮素当季利用率为42.5%（40%～45%）。从品质调优和产量提高两方面综合考虑，结合地力水平和目标产量合理确定化学氮肥施用量。通常情况下，目标亩产600～650千克，化学氮肥（N）每亩用量要控制在20～21千克以内（比习惯施肥平均调减3千克左右）；目标亩产650～700千克，每亩施氮量控制在21～22千克；目标亩产700～750千克，每亩施氮量控制在22～23千克。对有机肥用量大的田块，要根据有机肥施用情况酌情调减化学氮肥用量。

抛秧稻前期（基蘖肥）、后期（穗肥）施氮比例为 7∶3 或 6∶4，机插秧前期（基蘖肥）、后期（穗肥）施氮比例为 7∶3。磷、钾肥的施用参照测土配方施肥技术而定，磷肥 100% 作基肥，钾肥 50% 作基肥、50% 作促花肥。

（3）前期肥料的施用。水稻前期施用的肥料主要是基肥和分蘖肥。基肥要做到深施，即先施肥再耕翻，并强调"以有机肥为主，有机肥和无机肥相结合，氮、磷、钾配合"的原则，同时重视硅、锌等微肥的施用。水稻是需硅较多的作物，一般每亩用 20% 硅肥 10 ~ 20 千克作基肥（也可用 0.4% ~0.5% 的硅溶液根外喷施 2 ~3 次）。抛秧稻高产栽培时，基蘖肥中氮素的 40% 作基肥、60% 作分蘖肥。分蘖肥在抛栽后 5 ~7 天施用，应注意抢晴天施、浅水施，或是采用其他方法做到化肥深施。

（4）后期肥料的施用。高产栽培时其穗肥氮素施用视具体情况而定。群体苗情正常的田块，即稻株主茎 5 个伸长节间的，有效分蘖临界叶龄期（$N \sim n$）够苗后叶色开始褪淡落黄，穗肥分促花肥（倒 4 叶露尖）、保花肥（倒 2 叶露尖）两次施用，促花肥（氮素）占穗肥（氮素）总量的 60% ~70%，保花肥（氮素）占 30% ~40%；群体不足或叶色落黄较早的田块，即稻株主茎 5 个伸长节间的，有效分蘖临界叶龄期（$N \sim n$）不够苗，或群体落黄较早，应提早在倒 5 叶露尖开始施穗肥，并于倒 4 叶至倒 2 叶出生期间分三次施用，氮肥数量比原计划增加 10% 左右，三次的比例为 3∶4∶3；群体过大，叶色过深的田块，即有效分蘖临界叶龄期（$N \sim n$）以后顶 4 叶 > 顶 3 叶，穗肥一定要推迟到群体叶色落黄后才能施用，只要施一次，数量要减少。除此之外，对于前期施肥不足，表现脱肥发黄的田块，可在齐穗前后用 1% 的尿素溶液作根外追肥；对于有贪青徒长趋势的田块，可叶面喷施 1%～2% 的过磷酸钙。

5. 大田期水浆管理

机插或抛栽水稻活棵后，要及时排水露田，通气增氧，排除毒素，促根促蘖。

水稻有效分蘖期坚持浅水勤灌，在板面开始出现青苔或田间脚踏处大量气泡产生时要立即排水露田 1～2 天。在群体茎蘖苗数达到适宜穗数的 70%～90% 时开始搁田，实现分次轻搁。防止因秸秆还田土质疏松而导致倒伏，以及控制生育中期的过量生长。第一次搁至田间撑得住脚，田边裂"芝麻缝"，复水后再搁，一直延续至倒 3 叶前后。在倒 3 叶末期搁田结束，进入倒 2 叶期时必须复水，以保证幼穗正常分化发育对水分的需求。水稻孕穗期浅湿交替灌溉，做到新水不见旧水。保持田间经常处于无水层状态，即灌一次 2～3 厘米深的水，自然落干后不立即灌第二次水，而是让稻田土壤露出水面透气，待 3～5 天后再灌 2～3 厘米深的水，如此周而复始，形成浅水层与湿润交替的灌溉方式。剑叶露出以后，正是花粉母细胞减数分裂后期，此时田间应建立水层，并保持到抽穗前 2～3 天，然后再排水轻搁田，促使破口期"落黄"，促使抽穗整齐。抽穗期开花期，要求建立薄水层，若遇有 35℃ 以上的高温或是寒露风低温天气，应适当加深灌溉水层（水层可加深到 4～5 厘米），以抵御逆境气候的伤害。灌浆结实期浅湿交替灌溉，即采用灌溉→落干→再灌溉→再落干的方法，每隔 5～7 天灌一次水（田面有水 2～3 天，田面无水但沟中有水 2～3 天、沟中无水 1～2 天）。水稻抽穗 20～25 天之后穗梢黄色下沉，应

适当减少灌溉次数。收割前 7 天左右断水。

6. 病虫草害防治

　　根据区域水稻生产基地环境质量及不同层级（无公害、绿色与有机）清洁生产目标，严格执行不同层级病虫害防治技术标准，坚持"预防为主，综合防治"的原则，充分利用农业防治、生物防治和化学防治等措施，从稻田生态系统出发，综合考虑有害生物、有益生物及其他中性生物等环境因子，协调农业防治、物理防治、生物防治和化学防治，充分发挥作物、天敌、环境的综合效应，创造和形成一个有利于水稻生长和发育而不利于病虫害发生、发育的稻田生态系统，将病虫草害损失控制在经济允许水平以下，保证水稻高产、优质、低成本、（少）无害。农业防治措施主要有因地制宜选择抗性强的品种等；物理防治主要措施有育苗期防虫网覆盖和采用黑光灯、频振式杀虫灯等诱杀；生物防治主要是利用害虫天敌等；化学防治时严禁使用国家禁用的农药。选用安全高效除草剂于机插（抛栽）后 3 ~ 4 天和无效分蘖期通过两次高效化除技术基本消除杂草为害。对突发与常发病虫害，采用高效安全药剂，准量准时保质施药，特别应高度重视水稻条纹叶枯病、黑条矮缩病、纹枯病等综合防治。化学防治时，严禁使用国家禁用的农药，要选准药种、用准药量。具体病虫草防治的推荐农药品种及其注意事项参照第一部分。

五、有机稻栽培技术

有机稻是在原生态环境中，从育种到大田种植不施用化肥、农药，而采用生物、物理和农业措施相结合的方法防治病虫草害，有机稻经加工后产品为有机稻米。有机稻米按相关有机农业标准进行生产、加工，经有资质的独立认证机构认证并许可使用有机食品标志的产品，它是具有现代科技含量的，集天然性、品质好、安全卫生为一体的健康食品。发展有机稻生产具有诸多方面的重要意义。有利于实现农业结构的战略性调整，并满足国内市场和出口贸易的发展需求；能大幅地提高稻米产品的附加值，促进农田增效和农民增收；能够控制化肥、农药对环境的污染，改善农业生态环境；有利于提高农业产业化水平。

（一）基地建设

1. 基本要求

有机稻米生产田块必须集中连片，其内不能夹杂非有机田块。必须远离污染源，如化工、电镀、水泥、工矿等企业，污水污染区，废渣、废物、废料堆放区，交通干线边，大型养殖场及生活垃圾等。生产基地与常规农业区之间必须有隔离带（如山、河、道路、人工林带等）或设立不少于 8 米的缓冲带，隔离带或缓冲带应有明显的标志，缓冲带上若种植作物应按有机方式栽培（但收获的产品只能按常规处理），建立相对独立的排灌系统或采取有效措施保证所用的灌溉水不受禁用物质的污染。

2. 环境质量要求

有机稻生产基地必须具备良好的生态环境，要求温度适宜、阳光充足、雨量充足、土层深厚、有机质含量高、空气清新、水质纯净，同时要充分考虑相邻田块和周边环境对基地的影响，基地周边要有一定的防护措施，避免传统田块的农药、化肥和水流入或渗入有机田块。为确保基地符合有机稻米生产的基本条件，基地的周边环境（大气、土壤、水质）必须经国家环境保护总局有机食品发展中心指定部门监测。

有机水稻生产单元的土壤环境应持续符合 GB15618《土壤环境质量标准》中的二级标准，灌溉用水水质应持续符合 GB5084《农田灌溉水质标准》的规定，环境空气质量应持续符合 GB3095《环境空气质量标准》中的二级标准和 GB9137《保护农作物的大气污染物最高允许浓度》中的相关规定。有机水稻生产者应对本生产单元的土壤环境质量、灌溉用水水质、环境空气质量开展监测，并对监测结果进行风险分析评价。当存在环境质量被全部或局部污染风险时，应采取足以使风险降至可接受水平和防止长时间持续负责影响环境质量要求的有效措施。

3. 有机转换期要求

常规稻米生产可以施用化肥、农药、植物生长调节剂，这些物质的降解和清除需要一定的时间。为此，从常规稻米生产转到有机稻米生产需要有一个过渡时期，称为转换期。有机稻生产必须经过转换期，老稻田转换期不少于24个月，新开荒或撂荒多年稻田的转换期至少要12个月。转换期内生产基地的一切农事活动必须按有机农业要求操作，不允许使用任何化学合成的化肥、农药、植物生长调节剂等物质，但其生产的稻米只能按有机转换期产品处理。转换期内，生产基地应采取各种措施来提高稻田生态系统的活力，降低土壤有毒有害物质含量，不断提高基地的环境质量。

（二）生产技术

1. 品种选用

要求使用有机种子，在得不到认证的有机种子情况下（有机稻生产的初级阶段）可使用未经禁用物质处理的正常种子。无论是有机种子还是传统种子都必须选择适合当地土壤和气候特点的优质品种。要求对病虫害的抗（耐）性要强。禁止使用任何转基因种子。根据当地温光资源条件及茬口布局，选择生育期适宜的高产优质水稻品种。江苏省麦茬正常播栽条件下，淮北地区宜选用中熟中粳品种；苏中里下河、沿海地区宜选用迟熟中粳品种；沿江及苏南地区宜选用早熟晚粳品种。生产上，要优先在省推介的主推品种中选择适合本地的优良品种，不同区域的具体品种参照第一部分。

2. 肥料施用

有机稻的施肥原则是禁止使用一切人工合成化肥、植物生长调节物和污水、污泥。必须创造农业生态系统良性养分循环条件，开发利用本地有机肥源，合理循环利用有机物质（经无害化处理）和商品有机肥、饼粕等。施肥的目的是肥沃土壤，土壤微生物借助于土壤养分而繁育生活，而微生物则是供给植物营养的主体。所以说有机稻土壤培肥的主体是微生物而不是传统栽培稻的化学肥料。

有机稻生产过程中，要制定切实可行的土壤培肥计划，建立尽可能完善的土壤营养物质循环体系。主要通过系统自身的力量获得养分、提高土壤肥力。有机稻的肥源和培肥方法主要以下几种：一是种植绿肥。有机水稻田在秋冬季休耕时种植豆科绿肥，以达到培肥土壤的目的，当绿肥长至鲜草量最大时，进行耕翻沤制。提倡稻草还田，培肥土壤，严禁焚烧。二是沤制或堆制肥料。沤制肥料是在专门的沤肥池内沤制秸秆、牧畜粪便，密封粪池经过一段时间的嫌气发酵后使用，一般作为追肥使用。堆制肥料是利用秸秆、牲畜粪尿和适量的矿物质、草木灰等物质进行堆制使其腐熟，一般作为基肥利用，为了缩短堆肥发酵时间，可加入适当的催化剂，如 EM 菌、酵母苗及木醋液等。沤制或堆制肥料时，可使用有机基地内的农家肥、农产品残渣及其他有机物质，使用有机基地外的农家肥、农产品残渣及有机物质需经认证机构认可。有机肥施用前应沤制腐熟，总量应控制，以免对环境造成污染。三是购买有机肥。

基地内有机肥源不足时，可购买经过有机认证机构认证的商品有机肥、生物肥。禁止使用任何化学合成肥料，不能直接使用集约化养殖场畜禽粪便及其产物。

由于有机肥肥效缓慢、肥力稳长，在肥料施用上，重点要放在基肥的施用上，中期适当补施，控制后期肥料用量。通常方法：结合土地耕翻，可用商品有机肥 200 千克/亩作基肥；水稻移栽 10～15 天后，追施商品有机肥 100 千克/亩；水稻生长后期，对于脱力落黄的地块再追施腐熟饼肥 50 千克/亩左右。

3. 水浆管理

应充分利用灌溉水来调节稻田的水、肥、气、热，创造适宜水稻各生育阶段生长的田间小气候。移栽水稻的活棵期田间保持 3~4 厘米浅水层，分蘖期间歇灌溉，搁田期分次轻搁，灌浆期干湿交替，即"浅—湿—浅"，成熟前 1 周断水，通过科学的水分管理达到健身栽培目的，特别要注意适时搁田，控制水稻群体数量，提高植株抗病虫能力。

必须加强灌溉管理。要明确专职管水员，定期检查检测水质，发现问题及时采取有效措施。要密切关注有机稻基地缓冲区和上游地区农田集中用药期，在上游农田用药高峰期，有机稻田暂停取水。

4. 病虫草害防治

有机稻米生产的技术难点是病虫草害的控制。要制定因地制宜的有效的病虫草防治计划，充分利用品种抗性及生态系统的自我调节机制减轻病虫草害的发生，再辅之以生物、物理的方法进行综合防治。病虫草害控制的基本方法：选用抗病虫水稻品种；选择合理的茬口、播种时期以避开病虫的高发期；采用合理的栽培措施、轮作措施减轻或控制病虫草害；采用稻鸭共作、稻田养鱼等种养结合方法来控制病虫草害；充分利用和保护天敌来控制病虫草害；采用机械诱捕、灯光诱捕和物理性捕虫设施防治病虫害；采用人工、动物、机械、秸秆覆盖的方法除草。紧急情况时可施用经认证机构认证的植物农药、生物农药。禁止使用化学合成的杀虫剂、杀菌剂、除草剂、植物生长调节剂。禁止使用基因工程产品防治病虫草害。禁止使用抗生素制剂及其复配剂。

（1）病害防治。水稻病害主要有纹枯病、稻瘟病和稻曲病等，病害防治以农业防治为主，重点通过培育壮秧、合理密植、科学调控肥水、适时搁田等健身栽培措施，增强稻株的抗性，改善田间小气候，减轻病害的发生。整田时注意清洁田园，及时清理稻茬，打捞本田浮渣，铲除田边杂草，使用无纺布软盘育苗、防虫网覆盖等可有效阻断灰飞虱给秧苗传毒，减轻条纹叶枯病和黑条矮缩病发生。病害严重时，选用经有机认证机构认可的生物农药防治，如纹枯病每亩用5%井冈霉素水剂100毫升对水50升喷雾或对水400升泼浇防治；叶瘟在发病初期，穗颈瘟在始穗期和齐穗期每亩用春雷霉素2～3克对水75千克喷雾防治；稻曲病用5%井冈霉素500倍液在孕穗中期和孕穗末期喷雾防治。

（2）虫害防治。水稻害虫主要有稻蓟马、稻飞虱、稻纵卷叶螟、螟虫等，在防治上采用综合措施，减少害虫为害，使损失率控制在8%以内，确保田间无大面积白叶、白穗和枯死。①农业防治。提倡机械插秧，扩行稀植，健身栽培，增强植株的抗逆性。二化螟、三化螟是秧苗田最主要害虫，采用无纺布育苗可以有效隔离。②物理防治。安装频振式杀虫灯诱杀害虫，在田四周田埂或沟边上安装，既便于操作，又便于将诱杀的昆虫供鸭取食。安装标准为灯距150米左右，每15亩使用1盏，灯高度1.2～1.5米为宜，安放时间为7月上旬至9月底，天黑开灯，天亮关灯，雨天不开灯，定时清洁，及时维护。采用防虫网全程覆盖，可阻隔害虫进入田间，切断害虫繁殖途径，有效控制各类害虫为害和预防病毒传播。防虫网覆盖时，为防止收麦时大量灰飞虱迁入，在大面积小麦收割之前

15天左右，根据定制防虫网规格在水稻田上搭建好钢架棚，用由白色高强度聚酯纱线编织而成的30目防虫网在钢架顶上及四周蒙上，实施全覆盖，在全覆盖的田中移栽水稻和生产管理。③生物防治。一是加强监测，健全害虫测报系统，准确掌握虫情，达标防治；二是利用现有自然天敌（蜘蛛、寄生蜂、蛙类等）控制害虫数量；三是稻田养鸭，通过鸭食虫性来控制田间害虫（特别是飞虱）发生数量；四是药剂防治，选用经有机认证的生物农药和植物性农药如苏云金芽孢杆菌、苦参碱、印楝素等进行适期挑治，重点抓好一二代螟虫及二代纵卷叶螟和二代飞虱的防治，控制害虫基数。

（3）杂草防治。主要是采用诱草灭草、以苗压草、以水压草和养鸭除草等方法。大田在水稻移栽前20天灌跑马水，保持土壤湿润以诱杂草发芽，并通过耕翻压杂草基数。通过培育壮秧、合理密植、增加基本苗和科学的水浆管理（草发芽时灌深水）等措施，达到抑制杂草生长的目的。利用鸭吃草和田间强活动，控制田间杂草的发生。

5. 收获

要求适期收获，做到单收、单运、单脱粒和单存放。

提倡人力收割，使用机械收割应防止稻谷不受污染。对收获工具应进行彻底清理，防止普通稻谷混入和受禁用物质的污染。

收割后的稻谷应及时干燥，可采用机械低温烘干或在用竹、木、席草等自然材料做成的垫子上晾晒，禁止在公路、沥青路面、泥土地或粉尘、大气污染较严重的地方晾晒。

有机稻谷的包装应选用自然材料或符合卫生标准要求的材料。包装时不准使用防虫剂和防腐剂等化学物质。包装上应带

有标贴。

　　有机稻谷的运输工具应无污染并清洗干净，专车专用，不得与其他物品混装。运输过程中应防止普通稻谷混入和受禁用物质的污染。

　　用于贮藏有机稻谷的仓库，必须用自然或环保材料建造。周边没有污染源。有机稻谷仓库应专用，确实无法做到专用，则必须在仓库内划出特定区域并采取必要的隔离或明示措施。有机稻谷在仓库内的堆放，必须留出一定的地距、墙距、柱距、货距、顶距，保证货物之间有足够的通风。有机稻谷仓库应用物理的、机械的、动物的方法来进行清洁、消毒、防治病虫鼠害。

（三）质量控制

　　有机稻全过程的质量控制，主要包括外部和内部两个方面：外部控制即是认证机构派遣检查员对生产基地进行实地检查，审核整个过程是否符合有机稻生产标准；内部质量控制指生产基地内部自身采取的保证质量的措施，要求基地必须建立完整的文档记录体系，培训基地生产人员及管理人员等。

（四）有机稻稻鸭共作技术

　　稻鸭共作一般包括田块的选择与准备、水稻和鸭子品种选用与准备、防护网与鸭棚的准备、水稻的移栽与鸭子的投放（雏鸭的训水、放养的时间、密度）、稻鸭共作的田间管理和鸭子的饲喂、鸭子的回收和水稻的收获等主要过程。实施有机稻稻鸭共作，应严格按照有机稻生产对生态环境的特殊要求，选择有生产基地。按照一个劳力管理50亩左右的规模进行劳力资源的合理配置。为了能保持稻田10厘米左右的水层和便于鸭子休息，所有田埂必须加高到20厘米，加宽到50～80厘米。

1. 水稻栽培管理

（1）品种选择。在优质品种中尽量选择大穗、高秆、株型挺拔、分蘖性强、抗性好的品种，在品质和产量相仿的情况下以生育期稍长的为宜，可增加鸭子在田时间。

（2）育秧。采用机插稻育秧方式省工节本成效显著，更有利于实现水稻有机栽培。必须按有机稻的技术要求，进行播种前的晒种、浸种和催芽处理，并培制好育秧营养土、精整秧池、规范播种和苗期精心培管。在机插秧育苗的苗期追肥上，在移栽前2～3天施腐熟人粪尿作送嫁肥。用"春雷霉素"或"井岗霉素"生物农药预防苗稻瘟、纹枯病，用无纺布覆盖防灰飞虱等害虫的入侵。

（3）肥料利用。在肥料品种利用方面可选用腐熟并经检测无污染、无农药残量的优质有机肥（鸡粪、猪粪制成的生物有机肥、河塘泥肥、饼肥等）作肥源，也可轮作换茬种绿肥压青培肥地力。在施肥技术调控方面，要因肥种制宜，合理搭配，适期适量施用。一是有机肥施肥法。选用纯鸡粪＋饼肥的，基施纯鸡粪，搁田时施饼肥；选用河塘泥作肥源的，则在灭茬后全田吸喷泥肥即可；选用猪粪制成的生物有机肥＋饼肥的，基施猪粪生物有机物，搁田追肥饼肥；选用单施微生物菌肥的，基施和分蘖期、拔节期、孕穗期分别追施。二是稻鸭共育施肥法。一般基施腐熟纯鸡粪，机插秧移栽时对鸭苗进行育雏，机插后15～20天将鸭子入田，搁田时追施饼肥。三是绿肥压青施肥法。种植紫云英可结合冬季养鹅，然后待紫云英开花时进行压青翻埋入土，种植蚕豆的可采收青蚕豆再压青，当绿肥压埋后要尽早上水沤制。

（4）水浆管理。要建立排灌通畅的独立水系，不得与非稻鸭共作区稻田相互串灌和漫灌。灌水深度以鸭脚刚好能接触到泥土为宜，使鸭在活动过程中充分搅拌泥土，为此要求在鸭子不同生长阶段实行不同水浆管理方式。放鸭初期以3~5厘米水层为宜，既可防止天敌袭击，又可保证鸭子游戏；放鸭中后期，为保证鸭子在稻田正常活动，以5~8厘米水层为宜，水过深则会影响鸭子除草除虫效果。另外，一般在稻鸭共作期内不搁田，如为了使茎秆更加健壮，可实施分区搁田或在田边挖一定的沟渠来供鸭临时饮水。在抽穗收鸭之后排掉田间水层，保持干干湿湿，利于水稻灌溉充实。

（5）病虫害防治。稻鸭共作一般对水稻前中期的稻飞虱、稻叶蝉、稻象甲及纹枯病控制效果较好。水稻种子传病的防控，可用1%石灰水浸种以有效控制恶苗病及干尖线虫病，条纹叶枯病的防控，可以采用无纺布覆盖育苗，阻隔灰飞虱入侵，从而减轻条纹叶枯病的发生。水稻虫害的防控，采用"稻鸭共作＋灯捕诱杀＋生物农药"集成技术，防效较理想。在水稻喷生物农药治虫前，将鸭赶到另一方暂不治虫的稻间，3~4天后再赶回治过虫的稻田，或是赶到池塘、沟渠过渡几天，以解决治虫和鸭子在稻间活动的矛盾。

2. 养鸭技术

（1）品种选择。以生长快、适应性强的地方品种为宜，上市时75日龄左右，体重2.5千克以上。也可根据水稻的品种、劳动力许可、菜鸭的市场商机，选择块大型肉鸭或蛋鸭等鸭种。

（2）稻鸭共作时间安排。水稻栽插前后引进鸭苗，室内育雏，育至手插秧 7～10 天后和机插秧 10～15 天后即可投入大田放养。大田放养期 8～10 周，养至水稻抽穗扬花时即可直接上市或赶出大田集中育肥后上市。为解决育雏时苗鸭货紧和商品鸭上市相对集中的问题，可通过改变育雏期的长短和调整关养育肥期的时间来解决。以上时间安排是充分考虑到鸭对水稻的除草灭虫作用而又不使水稻抽穗后被鸭为害而设置的。也可在水稻扬花前 3～4 周再套养一批雏鸭，至水稻抽穗时才移动大田，既增加了养鸭的效益，也是水稻后期除虫的举措。

（3）放养数量。每亩放养 10～15 羽（小品种 15～20 羽）鸭即可满足稻田除草灭虫的需要。在增加投喂量的情况下，也可以提高饲养密度。只要注意初放入大田时，把鸭群分散成小批量，多点投放，防止鸭对初生稻苗的践踏为害。

（4）基本设施。基本设施主要有育雏室、简易鸭棚、初放区、大田围网和暂养育肥区等。①育雏室。可利用空置的住房或农舍作育雏室，要求清洁卫生、干燥，既能保温，也能通风换气。②简易鸭棚。每一圈养小区建一 15～20 平方米的简易鸭棚，建于大田一隅，最好在沟、渠或堆旁。移出育雏舍的鸭先在简易鸭棚中过渡性饲养 1～3 天再放入大田。初时是喂养、歇宿的场所，以后也是鸭的暂养、集中育肥时扩大场所的基础。③初放区。为鸭群从简易鸭棚向大田放养做适应性过渡，以网拦隔，3～5 天后拆除。④大田围网。通过围养，可以防范鸭子走失及一般兽害。稻田四周围网为一围养小区比较适宜，网高 70～80 厘米，上设网绳，以竹木桩固定，网的下端敷泥。⑤暂养育肥区。用于大田施生物农药时的暂养和水稻抽穗扬花后的集中育肥。

（5）饲养管理要点。①育雏。育雏的好坏直接关系到以后鸭的长势和稻鸭共作的效益。夏鸭的饲养，要注间晚上的气温变凉以及梅雨季节气候突变的影响。鸭苗进入育雏舍后（夏鸭孵化出壳 18 小时）即可开水。首次饮水最好是冷开水，内加 1% ~ 39% 葡萄糖和禽用多维，可明显提高育雏率。饮水后 15 分钟即可开食。喂以全价料，第 1 ~ 3 天每 4 小时喂 1 次，每次喂六七成饱即可，3 天后少喂勤添或自由采食。1 周龄左右要进行训水锻炼。在育雏舍前选平整的场地，四周以木、竹杠或砖为垫，上铺聚乙烯塑布，灌水 2 ~ 3 厘米深，选择中午气温较高时将鸭赶入，活动 10 ~ 30 分钟。②放养。移出育雏舍的鸭在放入大田前先在简易鸭棚中关养 1 ~ 3 天，以适应环境和防止晚上着凉，以后再放入初放区进行 3 ~ 5 天的过渡性饲养，最后进入大田放养。③调教。通过每次在喂养时发出固定的吆喝声，使鸭建立条件反射，从而能对鸭的健康、数量、生长等状况实施有效的观察和管理。④免疫接种。如果种母鸭未接种过鸭病毒性肝炎疫苗、或虽接种但已超过免疫期，所产蛋孵化出的小鸭应在 1 日龄时（要求在孵坊中进行）接种弱毒疫苗。考虑到移入大田后鸭的捕捉困难，鸭瘟、禽流感的免疫接种应在鸭育雏结束前的 1 ~ 2 天进行。⑤防兽害和肉毒辣梭菌毒素中毒。稻田养鸭由于空气新鲜（负离子增多），阳光充足（紫外线作用），很少染疫发病。但应防犬类窜入围养区危害鸭子。保证围网的完整性，特别是稻田保持灌满水是防止犬、黄鼠狼等兽害的最简单适用的方法。另外应对稻田和鸭群巡视，及时检出被兽害的死鸭或其他死亡动物，防止鸭群在啄食腐尸时发生肉毒梭菌素中毒而成批死亡。⑥喂料。育雏后移入大田的小鸭，在 1 ~ 2 周内最好选用鸭全价料，日喂至少 2 次，以促进鸭的生长。到 1 月龄，为促进采食，早上不喂料，只喂晚上一次。1 月龄后的鸭，喂料可重在糠麸，辅以原粮（稻、麦、玉米等）。上市期的鸭，尤其是赶出稻田集中育肥的鸭，要多喂精、青搭配料，防止掉膘和倒毛。

3. 鸭子收捕

水稻齐穗而且稻穗灌浆下垂时，鸭群就会啄食稻穗上的饱满谷粒，要及时把长足个体的鸭子从稻间赶出来，并组织销售。鸭子赶出稻田后，立即清沟、排水，并经常采取湿润灌溉方法，以增强稻根活力，防止稻体发生倒伏。

六、稻茬小麦免少耕机械条（匀）播栽培技术

　　与利用犁耕翻土地以及相应的表土耕作措施的传统耕作（或称常规耕作）相比，少耕和免耕有着不同的含义。少耕指在常规耕作基础上，尽量减少土壤耕作次数或在全田间隔耕种，减少耕作面积的一类耕作方法；免耕指作物播前不用犁、耙整理土地，直接在茬地上播种，播后作物生育期间不使用农具进行土壤管理的耕作方法。长江中下游流域，稻茬小麦播种的季节时强，生产上常因连阴雨影响适期播种，生产管理粗放也很普遍。在小麦生产中，稻茬麦少（免）耕机械条（匀）播技术，指小麦播种或生育过程中适当减少或不进行土壤耕作，通过农机农艺配套，采用机械条播或机械均匀撒播，适用化程度大幅提高，实现"一个控制、两个提高"，即控制播种量，提高作业效率和出苗均匀度，解决大面积生产中存在的播种粗放、播量偏大、均匀度不高等问题，可以达到省工、节本、适时、减少水土流失的效果。

（一）技术特征

1. 稻茬小麦少（免）耕的主要功效

（1）确保适时播种。长江中下游的稻麦两熟地区，在水稻收获、小麦播种期间，经常遇到秋旱出现等墒整地种麦，或是遇有连阴雨天气导致土壤过湿不能及时播种，往往不能及时播种。采用少（免）耕种麦技术，较好地解决了常规栽培播种偏晚的问题，通过收稻前适时断水，可在收稻后适时播种小麦，保证了大面积生产上的小麦在适期范围内播种。

（2）保障播种质量。稻田若采用耕翻种麦，因土壤质地较黏重，稻田含水量高，易造成垡块大，土壤不易耕整细碎，失墒严重，使麦种萌发出苗及幼苗生长都处于不良的土壤环境，小麦种子分布不均匀，深浅不一致。特别是撒播麦田，常出现丛籽、深籽、露籽和缺苗断垄现象。采用少（免）耕种麦的麦田，可有效地克服上述问题，有利于早苗、全苗、匀苗和壮苗的形成。具有播种质量好、出苗率高、分蘖发生快等显著特点，有利于培育合理的群体结构并较稳定获得优质高产。

（3）改善土壤环境。一般土壤表层的土壤肥力较高，少免耕种麦的麦种落在养分比较丰富的土壤表层，加之稻茬少（免）耕麦田土层墒情较好，有利于播后早出苗，出全苗。遇有多雨天气，由于少免耕整个土层的土体紧实，水分下渗较慢，只要麦田沟系配套，大部分雨水成为径流排出田外，降湿速度较快，因而可有效地提高抗旱、耐涝能力。

2. 稻茬小麦少（免）耕机条（匀）播的适用特点

（1）少、免耕机条播。少、免耕机条播是一种较好的少免耕播种方法。水稻收获较早，腾茬及时（收稻至播种有 5 ~ 7 天以上晴天），土质沙土至壤土，墒情适宜，适耕性好，采用少（免）耕条播机精细播种，一次可完成碎土、灭茬、浅旋、开槽、播种、覆土、镇压等多项作业，且播种行距、播种量、播种深度可根据需要调节，从根本上解决了稻茬麦地区长期以来的耕种粗放的问题，是稻茬麦高产更高产的一条重要途径。少、免耕机条播的优点有：①抢墒播种、一播全苗。一般在水稻收获前 10 ~ 15 天断水，待水稻收获后，进入小麦适播期，能够抓住土壤墒情播种，有利于全苗。②落籽均匀、出苗整齐。在一般情况下，无撒播出现的深籽、露籽、丛籽和缺籽现象，能为降低播量、协调小麦群体和个体关系创造有利条件。③播种速度快。一般一台少、免耕条播机每天可播种小麦 15 ~ 30 亩，从而大大缩短了播期之间差距，减少了晚播麦的面积。④有利于小麦增产。由于少、免耕机条播可保证稻茬麦适时播种，具有苗全、苗齐、苗壮、苗匀等诸多优点，在相应配套栽培技术情况下，稻茬麦产量迅速提高。其缺点是在播种期间如遇连阴雨天气，条播机不能下田操作，影响适期播种。

（2）少、免耕机匀播。对于水稻收获较晚、腾茬较迟、土壤含水量较高的田块，免耕机条播作业时易出现堵塞排种管、缺苗断垄，宜采用机械均匀撒播。使得机械对腾茬、墒情、土质和秸秆还田的适宜弹性更宽，效率更高，降低能耗，在沙土、壤土、黏土等田块均可适用，即使土壤含水量较高时也能机械播种。

3. 稻茬小麦少（免）耕存在问题

（1）田间杂草基数大。稻茬麦的杂草以看麦娘、繁缕、猪殃殃、野燕麦、大巢菜为主，这些杂草种子大部分在土壤的表土层。少免耕种麦，不乱土层，因而在土壤表层保留了较多的杂草种子。

（2）后期易脱肥早衰。少、免耕种麦表土有机质和全氮富集，但表土以下较深层的土壤中养分比常规耕翻有明显下降趋势。据相关资料显示，黏壤土类不同耕作方法比较，0～7厘米表层土壤有机质与全氮贮量是免耕＞少耕＞常规耕翻，而7～21厘米土体内的总贮量，少（免）耕则有相反趋势。因而在部分肥力较高的免耕麦田易出现群体偏大现象，导致麦田中期郁蔽、后期倒伏早衰，从而影响小麦粒重的增加。

（二）小麦机械播种

1. 品种选用

生产上应根据小麦种植地区的气候、土壤、地力、种植制度、小麦专用化要求和病虫害情况等，合理确定品种。注意优先在省推介的主推品种中选择适合本地的优良品种。现阶段小麦作物上，江苏沿江、沿海弱筋小麦优势区重点推广宁麦13、扬麦13、扬麦15等弱筋品种；江苏淮北中强筋小麦优势区域重点推广淮麦20、烟农19、徐麦99强筋品种和淮麦33、徐麦30、济麦22、淮麦22、淮麦28、淮麦29、明麦1号、连麦6号、淮麦31、淮麦26等中筋品种；江苏沿淮中筋小麦优势区重点推广郑麦9023、淮麦30等中筋品种；江苏淮南中筋小麦优势区域重点推广扬麦 16、扬辐麦 4 号、扬麦 20、扬麦 14、宁麦 14、宁麦 16、苏科麦 1 号、镇麦 9 号、苏麦 188 等中筋品种。

长江中下游麦区，小麦生长后期湿害和赤霉病、白粉病为害严害，要注意选用早熟、耐湿性强、抗赤霉病、白粉病的品种。丘陵地区土壤瘠薄、冬春干旱影响较大，应选用分蘖强、抗旱、耐瘠的品种。肥水条件好、生产水平较高的地区，应选用耐肥抗倒、增产潜力较大的品种。

2. 种子处理

（1）种子精选。高产小麦以分蘖成穗为主，分蘖节位越低的分蘖，其茎秆越高，其穗粒数和粒重越大；反之，分蘖节位越高的分蘖，成穗后的茎秆越矮，穗粒数和粒重也越低。饱满的种子，发育早，其分蘖发生也早，有利于分蘖健壮发育，能够减少主茎穗和分蘖穗的差异，是获得整齐大穗的基础。可见，提高种子的饱满度和整齐度，对于小麦高产具有重要的作用。做好精选种子，主要是清除杂质和秕粒、不完全粒、病粒及杂草种子，以保证种子粒大、饱满、整齐。目前，供种单位都配备了种子精选机，已具备条件对种子进行精选。

（2）晒种。播种前晒种，一是能够提高种子的发芽率，增强种子发芽势；二是促进种子后熟；三是杀菌灭虫。此外，通过晒种还可避免受潮种子继续霉变，也可以及时发现一些霉变严重的种子，以便及早调换种子，不误农时。晒种方法：选择晴好天气，先将场地扫净，将麦种以 3 厘米左右的厚度摊开，并且勤翻动，中午过后堆起盖好。可连续晒 2 ~ 3 天。注意不能直接摊放在柏油路面或水泥晒场上，防止温度过高烫伤种子。

（3）拌（浸）种。带有黑穗病菌的种子以及在苗期易发生侵染为害的纹枯病、全蚀病、茎节褐腐病等，通过粉锈宁等药剂拌种是主要防治措施之一；加入丰产灵、活力素等拌种，可促进形成早发壮苗；加入植物生长延缓剂类拌种，能控旺促壮。常用的有调节剂拌种（如多效唑、矮壮素、矮苗壮、壮丰安等）、杀虫（菌）剂拌种、微肥拌种（如硫酸锰、钼酸铵、硼砂等）、微生物菌剂拌种等。生产上应注意，应用多效唑、矮苗壮、粉锈宁等药剂拌种，可能会减少出苗率，应于播前做好小麦出苗率试验，拌种时要严格控制剂量，并根据出苗率的试验结果适当增加播种量。此外，小麦播种前浸种处理，可以促进早出苗，具有调控逆境、培育壮苗等功能。常用的有氯化钙浸种、磷酸二氢钾浸种等。

生产上，针对小麦散黑穗病、纹枯病等系统侵染病害与土传病害发生情况，选用相应药剂拌种处理；适期早播小麦，宜可适用化控制剂拌种，促进生根、发蘖、促旺、防冻。

（4）种子包衣。种子包衣能防止药剂拌种不当产生不良作用，生产上通常由供种单位先将种子包衣处理，然后将包衣过的种子供应给生产用种单位和农民，用于直接播种。

3. 稻茬小麦机条播

水稻收获较早，腾茬及时（收稻至播种有 5~7 天以上晴天），土质沙土至壤土，墒情适宜，适耕性好，可采取机械播种。稻草离田情况下可采用 2BG – 6A 型等小型免耕条播机，一次作业完成灭茬、浅旋、开槽、播种、覆土、镇压等工序。

稻茬小麦机条播的播种要点：①播前准备。前茬收割时留茬越低越好，最高不超过 3 厘米。填平田中低洼处，使田面平整。及时施好基肥。施肥方法上要求在播种前撒施，施后随即机播，使肥料与土混合，减少挥发，以提高肥效。②适苗扩行。适期早播的高产田块，应调整排种孔装置，改常规每幅6行为5行，行距25～30厘米。免（少）耕扩行机条播出苗率达80%，比耕翻种麦高10%，同等条件下每亩播种量可减少1～1.5千克。具体的播种密度、播种量和行距配置，应根据品种类型、茬口、播期等因素进行调整。强、中筋小麦采用降苗扩行技术，弱筋小麦采用适苗扩行技术，一般来说，高产田强筋小麦基本苗10万～12万株/亩，行距25～30厘米；中筋小麦基本苗12万～14万株/亩，行距25～30厘米；弱筋小麦基本苗14万～16万株/亩，行距25～30厘米。操作条播机时应中速行驶，确保落籽均匀；来回两趟间接头要吻合，避免重播或拉大行距；不要在田中停机，以免形成堆籽。田块两头预留空幅，以便于机身转弯，最后横条播补种两头空幅。③调节播深。播深应根据墒情调节。土壤偏旱，播深为3～5厘米；墒情好的，播深控制在2～3厘米。中速行驶，确保落籽均匀，避免重播或拉大行距，避免田中停机形成堆籽。

4. 稻茬小麦带状条播或机械摆播

对于土壤含水量较高、免耕机条播作业时易出现堵塞排种管、缺苗断垄的田块，宜采用带状条播或机械均匀撒播。目前大功率、复式作业的免耕宽幅带状匀播机械已经面市，也可对旧式免耕条播机进行简易改进，即：拆除免耕条播机的部分或全部旋切刀，拆除播种开沟（槽）器和排种管，在播种箱下方增加一倾斜的前置式挡板，种子经挡板均匀摆播于地表，播种、浅旋盖籽同步完成。

（三）小麦配套管理

1. 适期适量播种

（1）确定播期。适期播种是小麦优质高产的一个重要条件，它是实现全苗壮苗的关键，也是小麦健壮生长、实现壮秆大穗的基本保证。通过适期播种，可使小麦充分利用冬前的热量资源，在越冬前生长一定数量的叶片、分蘖和次生根，实现壮苗越冬，为小麦的安全越冬和足穗、大穗奠定基础。在适宜温度范围内，温度高，出叶快，出蘖也相对快，分蘖出生的最适温度为 13～18℃，低于 10℃ 分蘖出生也缓慢，低于 2～4℃基本停止分蘖，高于 18℃ 分蘖出生受抑制。因而，播种太早，苗期温度高，幼苗窜高徒长，不仅会导致麦苗的抗寒能力下降，也易引起低位分蘖 "缺位"；播种过晚，温度低，积温少，出苗迟，叶片数少，冬前生长时间短，苗小苗弱，有效分蘖期短，导致分蘖很少或不发生冬前分蘖。

小麦的播种期因不同地区的气候条件、生产条件和品种特性等不同而有显著的区别。实践证明，冬小麦播种适期的确定与温度关系极为密切，一般冬性小麦播种适期为日平均气温 16～18℃，弱冬性品种为 14～16℃，春性品种为 12～14℃。具体确定冬小麦播种适期时，还要考虑麦田前茬作物的收获期、专用小麦的品质要求、肥力水平、病虫害和安全越冬情况等。

近几年来，随着气候变暖，我国的小麦主产区常常处于暖冬的气候条件，在过去认定的播期播种，常出现小麦冬前旺长，春性和半冬性偏春性品种发育进程加快，冬季和早春冻害时有发生，为此，冬小麦的播种期应该比过去的适宜播种期适当推迟。一般依据小麦冬前生长的最适温度指标计算最佳播种期的方法。一般冬小麦从播种至出苗约需0℃以上积温120℃，以后每长出1片叶子约需积温75℃，在江苏等省冬前日平均气温达到0℃时小麦进入越冬期，半冬性小麦6叶1心为壮苗（约需0℃以上的积温600～650℃），春性小麦5叶1心至6叶为壮苗（约需0℃以上的积温500～570℃），再根据当地日平均气温达到0℃的日期，往前积加每天的0℃以上的日平均气温，加到小麦长成壮苗的0℃以上积温之日，即是当地适宜的播种期。

江苏淮北半冬性小麦品种10月5～15日、偏春性品种10月10～20日，淮南苏中麦区10月25日至11月5日、苏南麦区11月上旬，为适期播种范围。适宜播期范围内宜适当早播，这样能充分利用温光资源，并可有效地利用稻茬底墒，促进一播全苗，确保冬前壮苗形成，有利于增产。对于生产优质饼干、糕点等弱筋小麦，适期早播还有利于降低湿面筋含量，实现优质高产相兼顾。

（2）确定播量。小麦高产栽培时，应根据具体播期确定适宜的基本苗。在江苏麦作区：适期早播时采用精量播种，基本苗控制在12万以内；适期播种采用半精量播种，基本苗控制在16万左右。迟于播种适期，要适当增加播种量，每晚播一天增加0.5万～1万基本苗，最多不超过预期穗数的80%。在长江中下游的江苏省沿江高沙土、沿海沙土地区、丘陵地区种植的弱筋小麦，根据品质调优要求，要求适期早播（播种期10月25～30日），每亩基本苗控制在14万～16万。具体播种量的计算方法：播种量（千克/亩）＝基本苗数（万）/［每千克种子数×发芽率（%）×出苗率（%）］。

2. 沟系配套

开挖好内外三沟。外三沟是在前作收获前人工清理开挖，沟系配套，逐级加深。隔水沟深 100 厘米以上，导渗沟深 120 厘米以上，排水沟深 150 厘米以上。确保灌得进，排得出，降得下，排水通畅。内三沟是在播种后及时机械开沟，竖沟、腰沟、田头沟要逐级加深，沟沟相通。每 3 ~ 4 米开挖一条竖沟，沟宽 20 厘米，沟深 20 ~ 30 厘米；距田两端横埂 2 ~ 5 米各挖一条横沟，较长的田块每隔 50 米增开一条腰沟，沟宽 20 厘米，沟深 30 ~ 40 厘米；田头出水沟要求宽 25 厘米，深 40 ~ 50 厘米。

小麦播种后，要及时用机械开沟，通过机开沟均匀抛洒沟泥，增加覆盖防冻保苗，生产上根据覆盖情况通过提高内三沟开沟密度和深度，增加沟系取土量和对畦面覆盖，防止露籽现象。通过内外三沟相通，主沟通河，确保"一方农田、两头出水、三沟配套、四面脱空"，防止烂耕烂种。小麦生育期间经常清理沟系，做到"雨前清沟、雨时查沟、雨后理沟"，雨止田干，明不受渍，暗不受害。

通常长江中下游地区春季雨水多，水分管理上应灌排结合，以排为主。在排水降湿方面应把握好以下的环节：一是要清沟理墒，保证田间排水通畅。如在返青期已清沟的田块，注意清理那些因拔节期下雨造成沟系不通的地方。这个时期清沟应注意，因麦苗已拔节，清出来的泥不能压在麦苗上，人在田间行走时亦不能踩断麦苗。二是注意降低外三沟和外河的水位，从而降低麦田地下水位，使麦田的地下水位深度拔节期控制在 0.8 ~ 1 米，抽穗后在 1 米以下。

3. 加强覆盖

小麦播种后及时机械开沟均匀抛洒沟泥，增加覆盖外，麦田也可每亩用土杂肥 1 500 ~ 2 000 千克或稻草 150 千克左右均匀覆盖。采用秸秆还田覆盖，可以培肥地力，减少水土流失，通过覆盖还可以减少杂草萌发基数、减轻杂草为害。覆盖稻草时，可将整齐的稻草依次均匀铺盖，疏密有度，疏不裸露土壤，密不遮阳光。如是乱草覆盖，也要做到均匀、适量、疏密适度。

4. 肥料施用

少（免）耕小麦前期吸收氮、磷量高于耕翻麦，有利于早发壮苗，而生育中后期的氮、磷吸收量明显低于耕翻麦，易发生早衰。其施肥原则是在施足基肥的基础上，早施苗肥促早发，中期适当控制保稳长，适时、适量施用拔节肥以防早衰。生产实践证明，稻茬麦田土壤质地黏重，通透性及保水保肥性能差，因而必须通过增施有机肥及补充钾肥等措施才能达到改善土壤性状、平衡土壤养分与提高小麦产量的双重目的。

（1）施肥量。①弱筋小麦。一般每亩施氮肥（N）12 ~ 14 千克，氮（N）、磷（P_2O_5）、钾（K_2O）配比约为 1：0.5：0.5。②中筋小麦。亩产 400 ~ 500 千克产量水平下，一般每亩施氮肥（N）15 ~ 18 千克，氮（N）、磷（P_2O_5）、钾（K_2O）配比约为 1：（0.5 ~ 0.6）：（0.5 ~ 0.6）。③强筋小麦。亩产 500 千克以上产量水平下，一般每亩施氮肥（N）16 ~ 20 千克，氮（N）、磷（P_2O_5）、钾（K_2O）配比约为 1：（0.6 ~ 0.8）：（0.6 ~ 0.8）。

（2）肥料运筹。①弱筋小麦。氮肥在基肥：平衡肥：拔节肥的运筹比例以 7：1：2 为宜，磷肥和钾肥以基肥：拔节肥为 5 : 5 的运筹比例为宜，平衡肥在主茎 3 叶至 4 叶期施用，拔节肥在倒 3 叶施用。②中筋小麦和强筋小麦。氮肥以基肥：壮蘖肥（或平衡肥）：拔节肥：孕穗肥的运筹比例 5 : 1 : 2 : 2 为宜，磷、钾肥以基肥：拔节肥的运筹比例（5 ~ 7）:（3 ~ 5）为宜，壮蘖肥（或平衡肥）在主茎 3 叶至 5 叶期施用，拔节肥在倒 3 叶施用，孕穗肥在剑叶抽出一半时施用。大面积生产中，可采用基肥：壮蘖肥（或平衡肥）：拔节肥 5 : 1 : 4 的运筹比例，在土壤肥力高、适当降低施氮量条件下亦可采用基肥：壮蘖肥（或平衡肥）：拔节肥：孕穗肥为 3 : 1 : 3 : 3 的运筹方式。

（3）基肥施用。小麦从出苗至越冬始期是小麦生长第一个吸肥高峰期，施好基肥是与适期早播、适量播种紧密关联的高产关键措施。要求增施有机肥和磷、钾肥，在播种前一次性施下，做到均匀撒施，施后随即机播，也可采用施肥播种一体化机施用。①弱筋小麦。每亩施用高浓度掺混肥 25 ~ 30 千克或 25% 复混肥 40 ~ 50 千克，加尿素 5 ~ 10 千克，再加腐熟有机肥 1 000 ~ 1 500 千克。②中筋小麦和强筋小麦。每亩施用 45% 复合肥（N、P_2O_5、K_2O 含量分别为 15%）25 ~ 35 千克，加尿素 5 ~ 8 千克，再加腐熟有机肥 1 000 千克。

（4）壮蘖肥（平衡接力肥）施用。弱筋小麦在主茎 3 叶至 4 叶期，每亩施用尿素 3 千克左右或追施腐熟粪肥 750 千克；中筋小麦和强筋小麦在主茎 3 叶至 5 叶期每亩施用尿素 3.5 ~ 4 千克，提黄塘、促平衡，促进麦苗早分蘖，早发根，形成冬前壮苗。

（5）拔节肥。拔节肥可以提高中期功能叶的光合强度，积累较多的光合产物供幼穗发育，从而提高结实粒数。拔节肥应掌握在倒 3 叶期，即叶色褪淡、高峰苗下降、基部第一节间基本定长第二节间开始伸长时施用，一般淮南地区在3月中旬、淮北地区在3月下旬。在拔节初期，叶色出现褪淡，是植株体内糖分含量增高、碳素代谢加强、营养物大量向新建器官重新调配的正常反应，只有在叶色褪淡基础上才可安全施用拔节肥。如果返青期过青，拔节期叶色不出现正常褪淡，叶片披垂，则拔节肥就可不施或推迟施用。如拔节前叶色过早落黄，就必须提前施用拔节肥。

正常情况下，弱筋小麦每亩施用高浓度掺混肥10千克或25%复混肥20千克作拔节肥，控制后期氮肥用量；中筋小麦和强筋小麦，每亩施用45%复合肥（N、P_2O_5、K_2O含量分别为15%）20~25千克。

（6）孕穗肥。孕穗肥可以提高最后三张功能叶的光合强度和持续时间，减少小穗和小花退化、败育，防止早衰，增加粒重。孕穗肥只有在中筋型和强筋型的小麦上施用，通常在剑叶抽出一半时，每亩施用尿素7~8千克。

此外，在灌浆结实期应用磷酸二氢钾、尿素单喷或混合叶面喷施，可以延长后期叶片功能，提高光合效率，促进籽粒灌浆，并提高粒重和籽粒蛋白质含量。磷酸二氢钾喷施浓度为0.2%~0.3%，尿素喷施浓度为1%~2%，每亩喷施肥液量50千克左右。

5. 防倒防冻

（1）倒伏预防。少免耕麦容易出现群体过大、植株郁蔽、茎秆细弱而导致后期倒伏，严重影响产量与品质。防控措施：一是对冬春长势旺的田块，及时进行镇压；二是群体较大田块于拔节初期，可用矮苗壮60克/亩或15%多效唑可湿性粉剂50~70克/亩进行叶面喷雾，要求喷雾均匀，不可重喷。

（2）冻害预防。适期播种、培育壮苗，用多唑效、矮苗壮等药剂拌种等措施，防控冻害的发生。

（3）冻害补救。小麦春季冻害发生后，要在低温后 2～3 天及时调查幼穗受冻的程度，对茎蘖受冻死亡率超过 10% 以上的麦田及时追施恢复肥。冻死率在 10%～30% 的麦田，每亩增施尿素 5 千克左右；冻死率超 30% 的麦田每递增 10%，每亩增施尿素 2～3 千克，上限值不超过 15 千克，争取动摇分蘖和后发生的高节位分蘖成穗，以减轻产量损失。

6. 病虫草害防治

要加强田间病虫害的调查测报及其防治工作。推广应用以麦作丰产、优质、保健栽培为基础，结合农业防治，坚持病虫害防治指标、科学使用农药、保护利用自然天敌控制作用的麦作病虫害综合防治体系。化学防治时，严禁使用国家禁用的农药，要选准药种、用准药量。对于小麦赤霉病，可选用多酮、氰烯菌酯、咪鲜·甲硫灵、咪锰·多菌灵、戊唑·多菌灵、戊唑·福美双、多菌灵等；对于小麦纹枯病，可选用井冈·蛇床素、井冈·蜡芽菌、井冈霉素、苯甲·丙环唑、戊唑醇、苯醚甲环唑等；对于小麦白粉病，可选用三唑酮、氟环唑、烯唑醇等；对于小麦蚜虫，可选用吡蚜酮、啶虫脒、烯啶虫胺；对于小麦禾本科杂草，可选用精噁唑禾草灵、炔草酯、唑啉·炔草酯、异丙隆；对于小麦阔叶杂草，可选用灭草松、2 甲 4 氯、氯氟吡氧乙酸等。化学防治时，要按所购买的农药产品标签使用，注意农药安全间隔期。注意农药交替轮换使用，尽量避免同一品种在当茬作物上连续多次使用，以延缓抗药性的产生。在肥料农药使用种类、使用浓度、时间、残留量方面按照《生产绿色食品的农药使用准则》，保证产品安全性。

七、稻秸机械还田小麦高产栽培技术

水稻秸秆还田是控制秸秆露天焚烧、保护环境、培肥地力、改善土壤理化性状、提高耕地可持续生产能力的有效途径。但由于大面积生产中秸秆还田农机农艺措施不配套，对小麦播种质量影响较大。部分水稻收获机械缺少切碎装置，稻草离田费时费力，影响播种进度；部分水稻收获机械匀铺装置不配套，造成稻草分布不均匀，影响整地与播种作业；大面积生产上采用旋耕方式还田，由于机械动力不够，稻草还田深度较浅，富集于土壤上层，加之播后镇压不到位，影响出苗和根系发育，抗旱、抗寒能力急剧下降；江苏淮南地区秋收秋种期间遇阴雨天气，稻草覆盖后不利于田间降湿，也影响播种进度和质量。针对稻秆还田中的暴露的突出问题，综合配套秸秆切碎、犁翻或旋耕埋草、适墒播种、播后镇压、合理增施基肥、抗逆应变等措施实现小麦高产稳产和综合增效。

（一）技术特征

1. 技术特点

水稻秸秆全量还田，具有秸秆总量多、低温旱作持续时间长、秸秆腐烂分解慢、受气候影响大、季节紧张矛盾突出等特点，易影响秋播进度或造成缺肥干旱、僵苗不发、冻害死苗等不利影响。本技术以"水稻收割→同步碎秸→碎秸匀铺→灭茬还田→机械匀播→适时镇压→小麦优化配套管理"为关键环节，实现农机农艺配套。

从农机作业上看，要增加大中型拖拉机作业面，坚持"碎草匀铺（碎草长度控制在 5 ~ 8 厘米）→深埋整地（耕翻埋草 + 旋耕整地，或 1 ~ 2 次深旋埋草，确保埋深达 15 厘米）→机械条（摆）播（或人工均匀撒播机械盖籽）"的作业程序，其中水稻收割、同步碎秸、碎秸匀铺、灭茬还田、机械匀播、适时镇压等环节均有相应装备支撑，实现水稻秸秆机械化全量还田，利用"碎秸秆扩散匀铺装置"，碎秸摊铺宽度可增加 1 倍以上，厚度降低 50% 以上，分布均匀度达 85% 以上，可明显优化机械还田作业条件，提高还田整地质量。

从农艺配套技术上看，因地制宜采用适宜的埋秸整地方式和播种方式，提高播种质量，坚持播后镇压，基肥适量增氮，抗逆应变管理，在确保稻茬小麦在全苗、壮苗基础上实现其稳产高产。

2. 生育特性

水稻秸秆还田条件下，会影响小麦的出苗，导致基本苗略有下降，而在分蘖后期对小麦分蘖表现出较大的促进作用，最终能保证小麦成熟期足够的穗数。秸秆还田的正面效应在拔节期后表现较为明显，能够提高小麦抽穗期至成熟期干物质的积累量，从而提高小麦的穗粒数和千粒重。稻秸还田可以在每亩穗数相当的情况下提高产量。由于秸秆还田后期的持续供氮能力能够提高小麦籽粒蛋白质，并能提高小麦籽粒的沉降值和容重。有研究显示，持续还田更有利于小麦淀粉品质的改善。但是，如果秸秆还田配套措施不到位，给麦田整地、播种、出苗

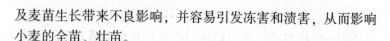

及麦苗生长带来不良影响，并容易引发冻害和渍害，从而影响小麦的全苗、壮苗。

3. 高产栽培策略

针对稻秸还田后小麦的生育特点，其高产栽培策略是主攻小麦全苗壮苗、加强小麦优化栽培和抗逆应变管理。一是提高水稻秸秆还田和整地质量。做到碎秸匀铺，确保秸秆田间撒布均匀，通过埋秸整地使得秸秆既要埋得深、也要埋得匀。二是强化播后管理。遇到干旱须造墒播种或播后窨水沟灌，播后要及时镇压，防止土壤表层过于疏松。三是适当提高前期施氮比例。根据秸秆腐解先耗氮后释氮的状况，施氮比例前期适当增加，增加基肥中氮肥用量，比例增加约10%，防止秸秆腐解耗氮影响麦苗生长，促进小麦苗期叶蘖同伸，实现壮苗越冬。四是加强抗逆应变管理。

（二）水稻秸秆机械还田

1. 碎草匀铺

实现水稻收割、同步碎秸与碎秸匀铺。利用久保田、洋马等类型收割机，在其出草口加装碎草匀铺扩散装置，收割机离地面10厘米左右收割水稻，同时启动切碎和碎草匀铺扩散装置，使水稻秸秆切碎成5～8厘米长并被均匀分散在同等割幅范围内，对部分成堆的稻草人工进行均匀撒铺，确保全田均匀铺草，为后续高效高质旋耕灭茬作业奠定基础。

2. 埋草整地

埋草整地是秸秆还田种麦最关键的技术环节，既要埋得深也要埋得匀，要求埋深 15 厘米以上，为提高播种质量创造条件。为了确保埋草质量，水稻成熟前 7 天要及时开沟控水降渍，技术关键是降低土壤墒情，防止烂耕烂种。要防止秸秆富集于表土层或形成草堆，造成土壤表层过于疏松带来通风跑墒和根系发育不良、加重冻害等。在耕翻埋草前，全量施足基肥，并适量增加速效氮肥。如果是采用还田作业时，采用大中型拖拉机配备秸秆还田机具，实现秸秆还田耕整机械化作业，碎土、埋草、覆盖一次性完成。在还田机械的选择上，可以根据实际情况选用多种机械组合，动力机械可采用 50～75 马力拖拉机，还田机械推荐使用反转灭茬旋耕机，该机器的主要特点是耕深稳定、碎土质量好、覆盖率高、运行稳定可靠、作业后田面平整。采用高性能反旋灭茬机将秸秆均匀埋入 15～20厘米深的土层，通过二次浅旋作业，提高整地质量，满足播种要求，减少深籽、丛籽和露籽。

有条件的地方，大力推广犁旋一体秸秆还田作业机，采用大功率"犁翻旋耕"复式机作业，有利于秸秆埋深埋匀，提高播种质量，若深旋两次效果更好。

在水稻收获时秸秆没有切碎匀铺或留高茬的情况下，可用秸秆粉碎专用机械进行碎草灭茬，在碎草灭茬基础上进行整地播种。

稻秸还田时，一般小功率手扶机械旋耕难以达到理想的埋草效果。为了防止水稻秸秆富集于小麦播种层，要尽力杜绝小型手扶拖拉机旋耕埋草作业。

（三）小麦播种

1. 品种选用

生产上应根据小麦种植地区的气候、土壤、地力、种植制度、小麦专用化要求和病虫害情况等，合理确定品种。注意优先在省推介的主推品种中选择适合本地的优良品种，不同区域的具体品种参照第六部分。长江中下游麦区，小麦生长后期湿害和赤霉病、白粉病为害严害，要注意选用早熟、耐湿性强、抗赤霉病、白粉病的品种。丘陵地区土壤瘠薄、冬春干旱影响较大，应选用分蘖强、抗旱、耐瘠的品种。肥水条件好、生产水平较高的地区，应选用耐肥抗倒，增产潜力较大的品种。

2. 种子处理

（1）种子精选。通过种子精选，清除杂质和秕粒、不完全粒、病粒及杂草种子，以保证种子粒大、饱满、整齐。

（2）晒种。选择晴好天气，先将场地扫净，将麦种以3厘米左右的厚度摊开，并且勤翻动，中午过后堆起盖好。可连续晒2~3天。注意不能直接摊放在柏油路面或水泥晒场上，防止温度过高烫伤种子。

（3）拌（浸）种。生产上，针对小麦散黑穗病、纹枯病等系统侵染病害与土传病害发生情况，选用相应药剂拌种处理；适期早播小麦，亦可使用化控制剂拌种，促进生根、发蘖、促旺、防冻。

（4）种子包衣。种子包衣能防止药剂拌种不当产生不良作用，生产上通常由供种单位先将种子包衣处理，然后将包衣过的种子供应给生产用种单位和农民，用于直接播种。

3. 机械播种

在碎草匀铺的基础上，可采用大功率复式播种机直接播种作业，一次性完成旋耕埋草、施肥、播种、开沟、镇压等播种作业。

在埋草整地的基础上，可采用各式机械播种。机械条播时，要求做到适苗扩行，对于适期早播的高产田块，应调整排种孔装置，改常规每幅 6 行为 5 行，行距 25～30 厘米。操作条播机时应中速行驶，确保落籽均匀；来回两趟间接头要吻合，避免重播或拉大行距；不要在田中停机，以免形成堆籽。田块两头预留空幅，以便于机身转弯，最后横条播补种两头空幅。腾茬较迟的稻茬小麦，可运用江苏省农业科学院研发的小麦均匀摆播机（或带状匀播机）进行作业，将传统的后置式排种改为前置式排种，种子不经开沟器开沟入土，而经挡板均匀摆播于地表，再经同步灭茬浅旋盖籽作业，实现均匀播种。该机对腾茬、墒情、土质和秸秆还田的适宜弹性宽，效率高，能耗低，对沙土、壤土、黏土均可适用，即使土壤含水量较高时也能机械播种。

播种深度要根据墒情调节。土壤偏旱，播深为 3～5 厘米；墒情好的，播深控制在 2～3 厘米。中速行驶，确保落籽均匀，避免重播或拉大行距，避免田中停机形成堆籽。

在确保整地质量和播种质量的前提下，通过机械条（匀）播，做到播种均匀，防止深籽、露籽、丛籽，确保一播全苗，实现齐苗、匀苗、壮苗。

（四）小麦配套管理

1. 适期播种

江苏淮北半冬性小麦品种 10 月 5～15 日、偏春性品种 10 月 10～20 日、淮南苏中麦区 10 月 25 日至 11 月 5 日、苏南麦区 11 月上旬为高产小麦的适期播种范围。

2. 适量播种

生产上，要根据播种期调节相应播种量（具体见第六部分），稻草还田后，小麦每亩播种量应在基础上增加 1～2 千克。

3. 沟系配套

开挖好内外三沟。外三沟是在前作收获前人工清理开挖，沟系配套，逐级加深。隔水沟深 100 厘米以上，导渗沟深 120 厘米以上，排水沟深 150 厘米以上。确保灌得进，排得出，降得下，排水通畅。内三沟是在播种后及时机械开沟，竖沟、腰沟、田头沟要逐级加深，沟沟相通。每 2.5 米左右开挖一条竖沟（通过增加竖沟密度提高沟系取土量和对畦面覆盖），沟宽 20 厘米，沟深 30 厘米；距田两端横埂 2～5 米各挖一条横沟，较长的田块每隔 50 米增开一条腰沟，沟宽 20 厘米，沟深 35～40 厘米；田头出水沟要求宽 25 厘米，深 40～50 厘米。

通过内外三沟相通，主沟通河，确保"一方农田、两头出水、三沟配套、四面脱空"，防止烂耕烂种。小麦生育期间经常清理沟系，做到"雨前清沟、雨时查沟、雨后理沟"，雨止田干，明不受渍，暗不受害。长江中下游地区春季雨水多，水分管理上应灌排结合，以排为主。及时清沟理墒，保证田间排水通畅。注意降低外三沟和外河的水位，以降低麦田地下水位，使麦田地下水位深度拔节期控制在 0.8 ~ 1 米，抽穗后在 1 米以下。

4. 麦田镇压

遇到土壤干旱时，须造墒播种或是播后及时窨水沟灌。播后窨水的技术关键是种子吸水达发芽标准，不回芽不涨浆，泥草进一步充分弥合沉实，土壤不板结。一次窨水时间不短于 12 小时，不长于 18 小时，窨水要缓慢窨透窨足，有利于泥草沉实弥合。

适墒埋茬播种后要及时镇压。播后适度镇压可做到麦种、土壤的紧密结合，防止土壤表层过于疏松，防止吊空苗及土壤跑墒，既利于提高出苗率，促进齐苗、全苗，也利于弥合土缝，提墒保墒增温，是防止干冻死苗的重要措施。播种机所带镇压轮往往难以达到理想的镇压效果，提倡播种后用专门镇压机具进行播后镇压。镇压时间一般安排在播后一周内。秋冬季以及早春可根据苗情增加一次镇压，以提高保墒或控旺效果，临近拔节时尽量避免镇压。

对于缺行断垄处和堆籽苗，及时催芽补种或移密补稀。

5. 肥料管理

肥料管理上要根据专用小麦类型和产量水平，确定施肥量和施肥方案，具体参照第六部分。在此方案基础上，水稻秸秆全量还田田块的小麦基肥中增加总施氮量 10% 左右氮肥，有条件的地方，整地播种前每亩增施 2 000 千克左右的有机肥，以加速秸秆腐熟，并防止秸秆腐解耗氮影响麦苗生长，促进小麦苗期叶蘖同伸，实现壮苗越冬。由于水稻秸秆还田田块微生物与作物争氮的矛盾没有小麦秸秆还田突出，不可盲目增加氮肥用量，每亩纯氮增加 2～3 千克即可。

6. 防倒防冻

（1）倒伏预防。群体较大田块于拔节初期，可用矮苗壮60 克/亩或 15% 多效唑可湿性粉剂 50～70 克/亩进行叶面喷雾，要求喷雾均匀，不可重喷。

（2）冻害预防。适期播种、培育壮苗，用多唑效、矮苗壮等药剂拌种等措施，防控冻害的发生。

（3）冻害补救。小麦春季冻害发生后，要在低温后 2～3天及时调查幼穗受冻的程度，对茎蘖受冻死亡率超过 10% 以上的麦田及时追施恢复肥。冻死率在 10%～30% 的麦田，每亩增施尿素 5 千克左右；冻死率超 30% 的麦田每递增 10%，每亩增施尿素 2～3 千克，上限值不超过 15 千克，争取动摇分蘖和后发生的高节位分蘖成穗，以减轻产量损失。

7. 病虫草害防治

要加强田间病虫害的调查测报及防治工作。推广应用以麦作丰产、优质、保健栽培为基础，结合农业防治，坚持病虫害防治指标、科学使用农药、保护利用自然天敌控制作用的麦作病虫害综合防治体系。化学防治时，严禁使用国家禁用的农药，要选准药种、用准药量。在肥料农药使用种类、使用浓度、时间等方面按照《生产绿色食品的农药使用准则》，保证产品安全性。具体病虫草防治的推荐农药品种及其注意事项参照第六部分。

八、稻田套播小麦高产栽培技术

稻田套播小麦，即在水稻收获前，适时适墒提前套种小麦，待水稻收获后再及时进行开沟覆土、播后镇压等配套作业的小麦种植方法。稻田套播小麦可以提高资源利用率，争取季节主动，确保小麦适期播种，做到养老稻与早种麦两不误，为争取稻麦双高产创造条件。稻田套播小麦适宜于腾茬迟于小麦播种适期的水稻茬口，且有套播习惯和经验的稻茬麦地区。主要有两种具体情况：一是水稻成熟迟。例如：江苏沿江地区10月底或11月初才能收获离田的稻田；二是秋播前连续阴雨。因天气因素，水稻不能及时离田，难以正常秋播的田块。此外，对于土壤黏重、湿度大的稻茬麦地区，通过耕翻、旋耕方式秸秆还田难度较大，通过采用稻田套播小麦，能实现水稻秸秆全量覆盖还田。由于连续性的稻麦免耕套播，容易出现杂草稻加剧为害，为避免下茬出现杂草稻问题，凡现茬为麦套稻或来年准备搞麦套稻的，应采用旋耕种麦方式。

（一）技术特征

1. 技术优势

主要优点：能够在茬口十分紧张的地区争取季节、提前播种出苗；在干旱的年份也能获得全苗，而多雨年份可避免烂种；稻田套播麦，通过水稻机收并配套稻草粉碎留田，有利于稻草的覆盖还田。该技术能省去秸秆焚烧、秸秆移动、大机作业等费用，同时能晚茬争早播，有利高产。

2. 技术缺点

主要缺点：如果水稻生长繁茂，播下的麦种落籽不易均匀；水稻倒伏的田块难以操作；小麦全部露籽；如果套播麦的共生期长，小麦则在水稻荫蔽条件下出苗，导致小麦幼苗瘦弱，容易窜苗，冬前长势差，抗寒力弱，容易发生冻害和出苗不匀；由于土壤未能耕翻，容易加剧杂草稻为害。此外，稻田套播麦其种子在表土上，根系多集中在表土层，且在部分肥力较高的免耕麦田易出现群体偏大现象，容易导致麦田中期郁蔽、后期倒伏。

3. 高产途径

稻田套播小麦管理应以促进壮苗全苗、防治冻害、建立高产群体为核心。主要技术途径：严格控制共生期，做到适期适量早播；提高秸秆和土壤覆盖质量，确保壮苗全苗；合理施用肥料，提高抗逆能力，建立高产群体。

（二）小麦套播

1. 品种选用

生产上应根据小麦种植地区的气候、土壤、地力、种植制度、小麦专用化要求和病虫害情况等，合理确定品种。注意优先在省推介的主推品种中选择适合本地的优良品种。不同区域的具体品种参照第六部分。稻套麦根系分布浅，分蘖发生能力强，要选用抗倒、抗冻能力强和株型紧凑的品种。

2. 种子处理

（1）种子精选。通过种子精选，清除杂质和秕粒、不完全粒、病粒及杂草种子，以保证种子粒大、饱满、整齐。

（2）晒种。选择晴好天气，先将场地扫净，将麦种以3厘米左右的厚度摊开，并且勤翻动，中午过后堆起盖好。可连续晒2～3天。注意不能直接摊放在柏油路面或水泥晒场上，防止温度过高烫伤种子。

（3）拌（浸）种。生产上，针对小麦散黑穗病、纹枯病等系统侵染病害与土传病害发生情况，选用相应药剂拌种处理；适期早播小麦，应用多效唑等生长延缓剂进行种子包衣、浸种或拌种，能矮化植株增加分蘖，控制旺长促进苗壮，增强抗逆性。这类药剂有多效唑、矮苗壮、壮丰安、矮壮素和烯唑效。例如：使用多唑效时，将15%多效唑可湿性粉剂5～8克，对水1.5千克，可拌种7.5千克；使用矮苗壮时，将矮壮苗15克对水1.5千克，可拌种7.5千克。拌种阴干后即可播种。拌种时要注意种药拌匀，防止局部药量过大，影响麦苗生长。具体方法应参照产品说明书进行规范使用。

（4）种子包衣。种子包衣能防止药剂拌种不当产生不良作用，生产上通常由供种单位先将种子包衣处理，然后将包衣过的种子供应给生产用种单位和农民，用于直接播种。

3. 适期套播

小麦播种过早、共生期过长、早春过早拔节是引起冻害的重要因素之一。各区域的小麦适宜播种期参照第六部分。切忌过早播种，适宜播种期前收获的水稻品种，不宜采用稻套麦。

切忌共生期过长，否则将造成弱苗。具体播期视秸秆是否还田，天气、土壤墒情状况而定。天气干旱、土壤墒情差，共生期可适当放长；若天气连续阴雨，土壤温度大，共生期应相对缩短。在水稻秸秆离田的情况下，一般掌握麦稻共生期 7 ~ 10 天以内，确保水稻收获离田时与小麦齐苗（1 叶 1 心）基本吻合，有利于形成壮苗；水稻秸秆直接全量还田的田块，应尽量缩短小麦共生期，一般宜在收稻前 0 ~ 5 天以内播种，确保水稻收获时与小麦萌发顶土基本同步。

4. 适墒套播

前茬水稻成熟后期，搞好田间水浆管理。根据天气和墒情，及时灌水和断水，避免在地表干裂或田间有明显积水的情况下播种，影响小麦正常吸涨萌动。如果水稻生长后期干旱，套播前应及时灌一次跑马水，增加土壤湿度，既有利于水稻活熟到老，又能使麦种吸足水分，做到正常出苗，争取全苗。

5. 适量匀播

套播小麦早播早发，但收获水稻时易损伤已出苗的苗株，因此要求适当增加播种量。适期套播的播种量介于常量播种和精量播种之间，每亩适宜的播种量 8 ~ 10 千克，迟播田块再适当增加播种量。生产上，切忌盲目增加播种量，播种量过多将导致小麦中后期群体大、春季易过早拔节、加重冻害和倒伏。

套播麦播种时看不到地面麦种情况，加之地面不平，很难播种均匀，往往稀密不均、出苗不匀。所以，套播麦播种要按面积称种播种，按畦面分种播种，分两次撒种，尽量播种均匀。为确保播种均匀度，推行弥雾机喷种等方法播种，播种时要求插标立记，防止漏播、重播，确保播种均匀。

6. 套肥套药

收稻前每亩套施 45% 复合肥（N、P_2O_5、K_2O 含量分别为 15%）15 千克左右、尿素 10 千克左右，确保"胎里富"，实现早发壮苗。如果肥料没能套施，则在开沟覆土前及早追施，以满足麦苗前期对养分的需求。播种前 1~2 天或播种时，用除草剂拌尿素或湿细土在稻叶无露水时均匀撒施，用药后保持田面湿润不积水。注意多效唑等拌种的田块要避开芽期用药，特别是浸种露白的麦种以播前用药为宜，以防药害。播种前后未化除的套播麦田，在稻草离田 6~7 天后、草龄 2~3 叶时化除。

（三）水稻收割及田面覆盖

水稻收割时，为防止水稻秸秆覆盖过厚，以减轻稻秸压苗损苗及苗弱苗黄程度，可适当提高留茬高度（≥10 厘米）。必须选用动力大、切碎效果好、喷撒均匀的收割机收割，确保秸秆碎度和覆盖匀度。稻套麦秸秆切碎程度和覆盖匀度，影响小麦出苗和冻害。水稻秸秆长度以 5~6 厘米为宜，秸秆过长会增加覆盖虚高，影响麦苗正常生长。同时要提高切碎秸秆分布均匀度，如果分布不匀、碎草成堆时，会导致缺垄现象，且出苗慢、苗质弱、冬春抗冻性差，极易发生冻害。而无秸秆、无土覆盖的麦苗，分蘖节裸露，更易发生冻害。因此，机械收割要尽量喷撒均匀，如果碎草成堆必须人工匀草，确保覆盖均匀。

套播的小麦没有盖籽，分蘖节和部分根系裸露在土表，约有 30% 的麦苗分蘖节不与地表紧贴，形成了较多的架空苗，容易受到干旱、缺肥、低温等逆境因子的威胁，不利于形成壮苗。水稻收割秸秆匀铺后，及时机械开墒，严格控制畦面宽度2~2.5米，力争一次达标，覆土均匀。通过增加墒沟密度和墒沟深度，以充分增加覆盖土量，同时结合人工匀土，确保全面覆盖、严密覆盖。

（四）小麦配套管理

1. 沟系配套

开挖好内外三沟。外三沟是在前作收获前人工清理开挖，沟系配套，逐级加深。隔水沟深100厘米以上，导渗沟深120厘米以上，排水沟深150厘米以上。确保灌得进，排得出，降得下，排水通畅。内三沟是在播种后及时机械开沟，竖沟、腰沟、田头沟要逐级加深，沟沟相通。每2~2.5米开挖一条竖沟（通过增加竖沟密度提高沟系取土量和对畦面覆盖），沟宽20厘米，沟深30厘米；距田两端横埂2~5米各挖一条横沟，较长的田块每隔50米增开一条腰沟，沟宽20厘米，沟深35~40厘米；田头出水沟要求宽25厘米，深40~50厘米。播后遇有连阴雨天气，应及时进行人工挖沟破土，确保排水通畅。

通过内外三沟相通，主沟通河，确保"一方农田、两头出水、三沟配套、四面脱空"，防止烂耕烂种。小麦生育期间经常清理沟系，做到"雨前清沟、雨时查沟、雨后理沟"，雨止田干，明不受渍，暗不受害。长江中下游地区春季雨水多，水分管理上应灌排结合，以排为主。及时清沟理墒，保证田间排水通畅。注意降低外三沟和外河的水位，以降低麦田地下水位，使麦田地下水位深度拔节期控制在0.8~1米，抽穗后在

1 米以下。

2. 镇压覆盖

对于水稻秸秆全量还田、稻麦共生期短的麦田，在水稻收获后墒情适宜的情况下应加强镇压，促进小麦种子与土壤紧密接触，促使根系下扎、顶秸出苗。对于水稻秸秆离田的麦田，要在小麦齐苗期加强覆盖，每亩均匀撒施土杂肥 1 500～2 000千克或匀铺水稻秸秆 150 千克左右。3 叶 1 心前，结合三沟配套和机械开挖田内沟，适当加大开沟密度，均匀覆土 1～2 厘米厚。

3. 肥料管理

肥料管理上要根据专用小麦类型和产量水平，确定施肥量和施肥方案，具体参照第六部分。肥料管理在套施基肥的基础上，早施壮蘖肥，普施重施拔节肥。

（1）及早追施壮蘖肥。弱筋小麦的基苗肥氮肥占比 80% 左右，中筋小麦和强筋小麦的基苗肥占比 60% 左右，生产上通过及早施用壮蘖肥，以达到基（套）肥不足苗肥补。小麦壮蘖肥应在麦苗 3 叶 1 心前及时施用。

（2）严格控制冬季。稻套麦分蘖节在土壤表层，覆盖不到位的，抗冻性较差，如果冬季低温施肥，会降低小麦体内糖分，抗冻性明显下降，冻害程度明显增加。但是对于越冬发苗不足或脱力落黄的麦田，应适量补施平衡（接力）肥提黄塘、促平衡。

（3）重施拔节孕穗肥。套播小麦的下层根系少，后期土壤供肥能力差，易脱力早衰，应重施拔节孕穗肥。弱筋小麦只施用拔节肥（占总施氮量的 20%），控制后期氮肥用量；中筋和强筋小麦分拔节肥和孕穗肥两次施用（通常情况下两次各占总施氮量的20%）。拔节肥应掌握在倒3叶期，即叶色褪淡、高峰苗下降、基部第一节间基本定长第二节间开始伸长时施用，宜用多元高效复合肥。孕穗肥通常在剑叶抽出一半时施用，每亩施用尿素7～8千克。此外，小麦高产栽培时，在灌浆结实期叶面喷施0.2%～0.3%磷酸二氢钾、1%～2%尿素溶液，能提高粒重和籽粒蛋白质含量。

4. 防倒防冻

（1）倒伏预防。对群体过大、有倒伏风险的田块，应通过镇压控旺、施用生长调节剂等措施，加以防控。例如：有旺长趋势时可于拔节初期，用矮苗壮60克/亩或15%多效唑可湿性粉剂50～70克/亩进行叶面喷雾，要求喷雾均匀，不可重喷。

（2）冻害预防。适期套播，采用多效唑等化控制剂拌（浸）麦种以控旺促壮，严格控制秸秆碎度，提高秸秆覆盖均匀度和覆土质量，加强镇压和排水降渍，以有效防控冻害发生。

（3）冻害补救。小麦春季冻害发生后，要在低温后2～3天及时调查幼穗受冻的程度，对茎蘖受冻死亡率超过10%以上的麦田及时追施恢复肥。冻死率在10%～30%的麦田，每亩增施尿素5千克左右；冻死率超30%的麦田每递增10%，每亩增施尿素2～3千克，上限值不超过15千克，争取动摇分蘖和后发生的高节位分蘖成穗，以减轻产量损失。

5. 病虫草害防治

要加强田间病虫害的调查测报及其防治工作。推广应用以麦作丰产、优质、保健栽培为基础，结合农业防治，坚持病虫害防治指标、科学使用农药、保护利用自然天敌控制作用的麦作病虫害综合防治体系。化学防治时，严禁使用国家禁用的农药，要选准药种、用准药量。在肥料农药使用种类、使用浓度、时间等方面按照《生产绿色食品的农药使用准则》，保证产品安全性。具体病虫草害防治的推荐农药品种及其注意事项参照第六部分。

九、晚播小麦独秆栽培技术

在小麦的适宜播期内，因前茬、天气、土壤以及劳力或机械等因素不能按时播种，往往造成小麦播种期推迟。形成晚播小麦的主要原因有：一是前茬收获期推迟而延期播种。棉茬、山芋茬、秋菜茬等旱作田的收获期普遍较迟，稻麦两熟制地区的直播稻面积大幅度增加，以及水稻迟熟高产品种的普遍应用，使得水稻收获腾茬期明显推迟。二是秋播期间连续阴雨，造成土壤泥泞、烂糊，不得不推迟播种。三是在暖冬季节，突然遭遇寒潮，导致气温骤降，造成小麦冻死而重播，造成晚播小麦。晚播小麦的高产管理是一套以主茎成穗为主体的综合性配套栽培技术，由于其主要依靠主茎成穗，因此，形象地称之为"独秆栽培"。晚播小麦独秆栽培技术适宜于播种迟于适期10天以上的地区推广应用。

（一）技术特征

1. 晚播小麦的生育特性

晚播小麦主要依靠主茎成穗来实现其高产稳产，该技术是适应腾茬过迟或遇旱涝灾害而不得不大幅推迟播种期情况下有效抗灾应变技术。主要生育特性如下。

（1）冬前苗小、苗弱，难以带蘖越冬。冬小麦从播种至出苗需要 120℃积温，生长一个叶片需 75℃积温。晚播小麦由于冬前积温不足，长不足 4 张叶片，形成晚播弱苗，难以带蘖越冬。据江苏省南通农场的试验观察，适期播种（10 月 28 日播种）的小麦，播后第 9 天出苗，越冬期（12 月 25 日）的叶龄为 5.6；偏迟播种（11 月 18 日播种）的小麦，播后第 17 天出苗，越冬期的叶龄为 1.8；特迟播种（11 月 30 日播种）的小麦，播后第 25 天出苗，越冬期的叶龄仅 0.3。

（2）春季生育进程加快，时间短。晚播小麦的生育进程上，表现为前慢后快。据江苏省南通农场的试验观察（小麦品种"扬麦 158"），拔节期偏迟播种（11 月 18 日播种）小麦的叶龄 7.65 叶、特迟播种（11 月 30 日播种）小麦的叶龄 6.92 叶，比适期播种的叶龄分别少 0.79 和 1.52，拔节时间相差 14 天和 25 天。晚播小麦在拔节后的生育进程加快，拔节至孕穗的天数，偏迟播种的为 29 天，特迟播种的为 24 天，分别比适期播种的小麦短 7 天和 12 天；拔节至成熟的天气，偏迟播种的为 87 天，特迟播种的为 78 天，分别比适期播种的小麦短 11 天和 20 天。晚播小麦幼穗分化开始晚、时间短、发育快，到幼穗分化的药隔形成期可以基本赶上适期播种的小麦。并且播种越晚，穗分化持续的时间越短。与适期播种的小麦相比，穗分化的差距主要在药隔期以前，药隔期以后逐渐趋于一致。据安徽白湖农枝中心 2007—2008 年小麦播期试验结果（表 9–1）：该地区的小麦适宜播期为 10 月 28 日至 11 月 8 日，11 月 15 日播种的小麦，冬前叶龄达到 3.5，幼穗分化进入单棱期，3 月初进入小花分化期；11 月 28 日播种，冬前叶龄 2.4，次年的 3 月初进入单棱期，3 月 20 日进入小花分化期。11 月 15 日播种从单棱期至小花分化期生育时间可达 44 天，11 月 28 日和 12 月 5 日播种从单棱期至小花分化期生育时间只有17天。11月15日播种的晚播小麦开春以后生育进程加快,进入小花分化期与10月30日播种的适播麦基本一致。

表9-1 小麦不同播期穗分化进程 (品种:扬麦12)

穗分化	播种期			
	10月30日	11月15日	11月28日	12月7日
生长锥伸长期 (月-日)			02-19	02-20
单棱期 (月-日)		01-18	03-03	03-04
二棱期 (月-日)	01-17	02-19		
二棱末期 (月-日)	02-15		03-14	03-15
小花分化期 (月-日)	03-03	03-04	03-20	03-21
雌雄蕊分化期 (月-日)	03-14	03-15	03-25	03-26
药隔形成期 (月-日)	03-25	03-26	04-03	04-04

(3) 植株生长量较小,春季分蘖成穗率较高。随着小麦播种期推迟,小麦的营养生长期将大幅缩短。营养生长期的缩短,导致了植株总叶片数减少,植株高度变矮,干物质积累量减少。据江苏省南通农场等地的试验,晚播小麦主茎高95.8~97.9厘米,比适播麦矮5.8~3.7厘米,基部1~3节为29.3~30.6厘米,比适播麦短5.6~4.3厘米,可见晚播小麦的株高变矮主要是基部节间缩短所致。如表9-2,晚播小麦冬前很少分蘖或基本上没有分蘖,但到春季随着温度的升高,分蘖迅速增长。11月18日和11月30日播种的晚播小麦,越冬期之后的每亩分蘖数分别为59.5万和57.4万,比10月28日适期播种的每亩增加45.8万和43.7万;越冬期之后的分蘖成穗率分别为11.09%和9.76%,而适期播种的主要是越冬期之前的分蘖成穗。

表 9 – 2　小麦不同播期的分蘖特征　（品种：扬麦 158）

项目	播种期		
	10 月 28 日	11 月 18 日	11 月 30 日
越冬期茎蘖数（万/亩）	52.7	25.3	29.3
返青期茎蘖数（万/亩）	66.4	41.6	35.8
拔节期茎蘖数（万/亩）	63.6	84.8	86.7
孕穗期茎蘖数（万/亩）	43.5	57.7	60.8
越冬期之前的分蘖数（万/亩）	40.6	0	0
越冬期之后的分蘖数（万/亩）	13.7	59.5	57.4
越冬期之后分蘖成穗率（%）	0	11.09	9.76

（4）抗逆性降低。晚播小麦春季分蘖强烈，生育进程加快，再加上播量大、基本苗多，易产生群体过大和节间充实度差等问题，如果肥水调控不好的话，生育后期较易有发生倒伏。由于晚播小麦的成熟期比适期播种的小麦推迟，晚播小麦开花期推迟，灌浆时间后延，容易遭受干热风的危害，降低千粒重。

（5）植株穗型变小。由于晚播小麦穗分化时间短，发育较差，则不孕小穗有所增加，穗粒数也有所减少，穗型变小。据江苏省南通农场的试验结果（表 9 – 3）：11 月 18 日和 11 月 30 日播种的晚播小麦，与 10 月 28 日播种的适期麦相比，其主茎穗的单穗结实小穗数减少 2.4 个和 2.9 个，每穗粒数减少 1.0 粒和 4.0 粒，千粒重低 4.3 克和 5.1 克，单穗重低 0.3 克和 0.4 克；分蘖穗的单穗结实小穗数减少 1.8 个和 4.0 个，每穗粒数减少 1.7 粒和 8.2 粒，千粒重低 5.8 克和 7.3 克，单穗重低 0.3 克和 0.6 克。

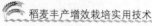

表9－3　小麦不同播期的穗型特征　（品种：扬麦158）

项目		播种期		
		10月28日	11月18日	11月30日
主茎穗	单穗结实小穗数（个）	18.4	16.0	15.3
	单穗退化小穗数（个）	2.3	2.4	2.2
	每穗粒数（个）	42.8	41.8	38.8
	千粒重（克）	43.3	39.0	38.2
	单穗重（克）	1.9	1.6	1.5
分蘖穗	单穗结实小穗数（个）	17.0	15.2	13.0
	单穗退化小穗数（个）	3.2	3.5	3.6
	每穗粒数（个）	36.2	34.5	28.0
	千粒重（克）	43.1	37.3	35.8
	单穗重（克）	1.6	1.3	1.0

2. 高产栽培策略

晚播小麦的冬前积温不足、难以带蘖越冬，且分蘖成穗率低，穗型偏小。根据其生育特点，在生产上应采用的栽培策略是：选用良种，以种补晚；加大播量，以密补晚；科学管理，以好补晚；稳氮后移，以肥补晚。通过争足穗、攻大穗，实现晚播小麦高产稳产。

（二）品种选用

生产上应选用相对早熟、灌浆强度大，容易达到大穗、多粒、千粒重高的优良品种。例如：江苏淮北地区宜选用半冬偏春性大穗型品种，苏中沿淮地区宜选用偏春性大穗型品种，沿江、苏南地区宜选用春性大穗型品种。

（三）小麦播种

1. 抢时早播

晚播小麦冬前、早春之所以苗小、苗弱，主要原因是积温不足，早腾茬、抢时间是争取有效积温、夺取高产的一项十分重要的措施。因此，在不影响秋熟作物产量的情况下，应尽可能做到早腾茬、早整地、早播种，加快播种进度，以充分利用当地温、光等资源，减少积温损失，使麦苗在冬前生长出一定数量的叶片、分蘖和根系，积累尽可能多的营养物质。如果播期过晚，气温低、出苗慢，冬前生长积温少，导致营养体小，幼穗发育时间短、穗少穗小，灌浆后期易遭高温逼熟，产量明显下降。据江苏盐城等地的试验（表 9 - 4），在相同基本苗（每亩 8 万 ~ 24 万）情况下，11 月 16 日播种的与 12 月 3 日播种的相比较，每亩穗数由 28.15 万 ~ 36.95 万降低到 21.02 万 ~ 33.22 万（平均降低 5.17 万），每亩产量由 381.72 ~ 458.79 千克减少到 315.21 ~ 370.37 千克（平均减产 86.43 千克），减产幅度为 17.42% ~ 23.02%（平均减幅 20.25%）。

2. 增加播量

晚播小麦由于播种晚，冬前积温不足，难以分蘖，春生分蘖虽然成穗率高，但单株分蘖显著减少，用常规播种量必然造成穗数不足，影响单位面积产量的提高。因此，加大播种量，依靠主茎成穗是晚播小麦增产的关键。据江苏盐城等地的试验结果（表 9 - 4），在每亩基本苗由 8 万依次增加到 24 万时，11 月 16 日和 12 月 3 日两个播期的晚播小麦，其每亩有效穗均大幅增加，尽管随基本苗增加穗型逐渐变小，但每亩产量均显著提高。其中，11月16日播种的晚播小麦，当每亩基本苗由8万增加到24万时，每亩有效穗由28.15万增加到36.95万，单穗重由1.67克相应减少至1.37克，每亩产量由381.72千克增加至458.79千克；12月3日播种的晚播小麦，当每亩基本苗由8万增加到24万时，每亩有效穗由21.02万增加到33.22万，单穗重由1.63克相应减少至1.51克，每亩产量由315.21千克增加至370.37千克。

表9-4 晚播小麦不同基本苗的产量表现 （品种；扬麦14）

播种期	基本苗 （万/亩）	有效穗 （万/亩）	单穗重 （克）	实收产量 （千克/亩）
11月16日	8	28.15	1.67	381.72
	12	32.09	1.57	433.36
	16	33.15	1.54	438.08
	20	34.50	1.44	422.31
	24	36.95	1.37	458.79
12月3日	8	21.02	1.63	315.21
	12	25.54	1.62	333.60
	16	28.25	1.52	340.16
	20	30.96	1.54	342.79
	24	33.22	1.51	370.37

另据江苏南通等地的调查与试验（品种为扬麦158），该地小麦播种适期为10月25日至11月5日，11月15日播种的晚播小麦欲达到亩穗数30万～33万时，每亩的基本苗在22万左右，基本苗为穗数的70%左右；11月30日播种的晚播小麦，当每亩基本苗为26.2万时产量最高，每亩穗数控制在30万～32万，基本苗为穗数的0.80～0.85倍。

生产上，对晚播小麦增加播种量的幅度都有了一定的经验。迟于播种适期，每晚播一天增加 0.5 万～1 万基本苗，最多不超过预期穗数的 80%。通常情况下小麦晚播独秆栽培，江苏淮北地区 10 月底以后播种，每亩基本苗应以 30 万～35 万为宜（通常最多不超过 35 万），播种量应加大到 20 千克/亩左右；江苏淮南地区 11 月中旬以后播种基本苗应以 22 万～26 万为宜（通常最多不超过 26 万），每亩播种量应加大到 15 千克左右。

晚播小麦与适播麦相比，具有前期生长量小、中期上升快、后期分蘖死亡迅速的特点，如果采用机械条播则应采取窄行播种，由适期播种的宽行距（20～25 厘米）相应缩小行距（15 厘米左右）。通过窄行播种，可使植株分布均匀，以充分利用光能，促进干物质积累。

3. 精细整地，足墒下种

精细整地不仅能给小麦创造一个适宜的生长发育环境，而且还可以消灭杂草。

因此，前茬作物收获后，要抓紧时间深耕细耙，精细整平，对墒情不足的地块要整畦灌水，造足底墒，使土壤沉实，无明暗坷垃，力争小麦一播全苗。如果因某种原因时间过晚，也可采取浅耕灭茬播种，或串沟播种，以利于早出苗、早发育。

足墒下种是小麦全苗、匀苗、壮苗的关键环节，尤其对晚播小麦保全苗、安全越冬极为重要，因为在播种晚、温度低的条件下，种子发芽率低，出苗慢，如有缺苗断垄，则补种困难。因此，只有足墒播种才能苗全穗足，获得稳产高产的主动权。晚播小麦播种适宜的土壤湿度为田间持水量的 70%～

80%。遇到干旱须造墒播种或播后窨水沟灌。对于质地黏重、含水量高的稻田土，其适耕期短、不易耕整细碎，必须搞好水稻生育中后期的田间水分管理。在稻田四周开挖排水沟，水稻收割前 10 天左右断水，做到收稻时土壤表土发白，脚踩不下陷。

4. 精细播种，适当浅播

为了提高播种质量，要根据水稻腾茬时间、土壤墒情，确定适宜的播种方法。采用机械播种可以使种子分布均匀，减少疙瘩苗和缺苗断垄，有利于个体发育。在足墒的前提下适当浅播，能够充分利用前期积温，减少种子养分消耗，达到早出苗、多发根、早生长，一般播种深度以 3 ~ 4 厘米为宜。一般小麦分蘖节只有在离地面 1 厘米左右时才能分蘖，当超过这一深度时，需要拉长地中茎把分蘖节送到这一位置。如果播种过深，地中茎则顶不出土，小麦就不能正常分蘖，小麦的抗冻能力比较差。生产实践表明，当播深超过 4 厘米时，出苗细弱，分蘖推迟或不能分蘖，往往造成单根独苗。但播种过浅，表层土壤相对干燥，小麦次生根无法形成，影响分蘖，幼苗瘦弱，抗冻性差。

稻茬晚播小麦整地播种时，如果前茬水稻收割后的土壤墒情较好，可用机械旋耕灭茬后采用机械条播机播种，机械播种时应调节好播种参数，确保浅播、落籽均匀；如果前茬水稻收获后，土壤墒情较差，不宜旋耕灭茬时，可将水稻秸秆移除后直接播种，适墒时机械开沟盖籽。人工撒播时，力求撒籽均匀，做到不重播、不漏播，无深籽、露籽和丛籽。

5. 浸种催芽

生产实践表明，浅播结合催芽，可以达到晚播早发，有利于培育晚播壮苗，具有明显的增产效果。为使晚茬麦田早出苗和保证出苗具有足够的水分，播种前用 20 ~ 30℃的温水浸种 5 ~ 6 小时，捞出晾干播种，可提早出苗 2 ~ 3 天。或者在播种前用 20 ~ 25℃的温水，将小麦种子浸泡 1 昼夜，等种子吸足水分后捞出，堆成 30 厘米厚的种子堆，并且每天翻动几次，在种子胚部露白时，摊开晾干播种，能够节约有效积温 20 ~ 30℃，与用干种子直接播种的提早 5 ~ 7 天出苗，提早 7 ~ 10 天齐苗。或者将种子放在约 50℃的温水中，浸泡 5 ~ 10 分钟，捞出堆放，盖上湿麻袋或草袋，半天后倒翻一次，保证温度在 25℃左右，热时洒凉水，凉时洒温水，一昼夜即可裂嘴露白。如果当天播不完，一定要摊开晾干，避免根伸长。

（四）小麦配套管理

1. 沟系配套，降湿防渍

整地播种阶段开挖好田间"三沟"。每 2.0 ~ 2.5 米开挖一条竖沟，沟宽 20 厘米，沟深 20 ~ 30 厘米；距田两端横埂 2 ~ 5 米各挖一条横沟，较长的田块每隔 50 米增开一条腰沟，沟宽 20 厘米，沟深 30 ~ 40 厘米；田头出水沟要求宽 25 厘米，深 40 ~ 50 厘米，做到沟系配套，确保排水通畅，实现明水能排、暗渍能滤，以提高防涝防渍水平和抗旱能力。小麦生育期间经常清理沟系，做到"雨前清沟、雨时查沟、雨后理沟"，雨止田干，明不受渍，暗不受害，以减轻涝渍危害。

2. 合理运筹肥料

晚播小麦主要依靠主茎成穗，基本苗较多，如果采用适期麦以"早管促早发"为核心的管理方式，虽可促进低位分蘖成穗，但低位分蘖多在春季发生，分蘖的穗型偏小，单茎平均生产力下降，中体群体偏大，后期透光差，干物质积累少，且植株茎秆软、弹性差，增加倒伏的风险，加之抽穗开花前干物质积累多，开花后的积累少，经济系数低，产量下降。因此，晚播小麦的肥料管理上，采用"稳氮后移"技术策略，即"前期控、中后期促"和适当减少施氮总量。以控制前期氮肥施用为主，基蘖肥施用比例要适当降低，防止群体过头，而在拔节后群体数量下降稳定后，则要适当加大氮肥比例，在穗多取胜前提下仍能获得较大穗型，从而实现增产。晚播小麦由于后期氮肥用量较大，可分拔节肥和孕穗肥两次施用。

通常情况下，江苏淮北地区目标亩产 450 千克需施纯氮 15~16 千克，江苏淮南地区目标亩产 400 千克需施纯氮 14 千克左右，氮（N）、磷（P_2O_5）、钾（K_2O）比例一般为 1：0.6：0.6。氮肥中，基肥占总施氮量的 30% 左右；3~4 叶期施用分蘖平衡肥，用量占总氮量的 15%~20%；宜在植株的倒 3 叶期施用拔节肥，用量占总施氮量的 20%~25%；剑叶露尖时施用孕穗肥，用量占总施氮量的 30% 左右。磷、钾肥的基追比通常为 5：5，宜在植株的倒 3 叶期施用，追肥宜用多元高效复合肥。

3. 加强田间管理

返青期促小麦早发快长的关键是提高温度，合理的中耕、镇压等措施，对增温保墒、促进根系发育、培育壮苗、增加分蘖都具有明显的作用。

促进晚播小麦春发快、后期用肥量大，宜在拔节前的一个叶龄期，每亩用15%多效唑可湿性粉剂40~50克对适量水进行喷施，促使基部一、二节间短、粗，降低株高，增厚叶片，促进根系发育，有利于耐旱防倒。注意防控干热风的危害。生长后期注意施用增粒增重剂，养根保叶，防止高温逼熟，增粒增重。

4. 加强病虫草害防治

加强田间病虫害的调查测报及其防治工作。生产上，要选用安全、无（低）残留农药防治小麦赤霉病、纹枯病、白粉病、黏虫、蚜虫和麦田杂草。晚播小麦冬前杂草生长量小，春后萌发速度快，并与小麦争肥、争光、争水，影响小麦生长发育，因而要搞好冬前土壤封闭及春后茎叶处理，提高灭草效果。推广应用以麦作丰产、优质、保健栽培为基础，结合农业防治，坚持病虫害防治指标、科学使用农药、保护利用自然天敌控制作用的麦作病虫害综合防治体系，在肥料农药使用种类、使用浓度、时间等方面按照《生产绿色食品的农药使用准则》，保证产品安全性。具体病虫草害防治的推荐农药品种及其注意事项参照第六部分。

十、稻麦互套式耕作秸秆还田高产栽培技术

我国长江中下游稻作区，麦稻两熟制长期以来形成的土壤管理与耕作模式难以实现高产稳产、生长环境和管理措施三者的协调与统一。主要表现在稻作高产或超高产措施多倡导育苗移栽（包括机插、抛栽等）与"扩行、壮秧、减苗、调肥、控水"相配套的技术措施来实现，而以少（免）耕为管理方式麦后直播或套播稻等植稻方式，其群体很难有效调控，不能改善中后期群体光能利用带来各种弊端，不能实现高产稳产；移栽稻必须进行土壤耕翻、水耙、耢平等作业，麦秸还田利用需要较长时间的耕休期（5~8天），不利于水稻的早栽早发，且稻田搁田过程中的水分环境调控的难度较大；稻麦生产的季节性强，且农时紧，稻麦两作物生长衔接紧凑，无论是利于稻麦生长发育的有效性、土壤保护的合理性，还是便于农时操作的可行性，麦、稻播（栽）前的极短间隙通过深耕并结合增施有机肥的方法，以加深耕层、培肥地力，生产上难度较大。实践表明，通过建立稻麦互套式耕作方式，能有效地缓解上述矛盾。有利于实现稻麦周年协调增产、稻麦秸秆免耕式全量还田和耕层土壤质量提升，实现社会、经济和生态三大效益的同步提升。

（一）技术特征

1. 技术特点

稻麦互套耕作是指在"麦—稻"两熟种植田块实行条带状种植（即作物带与空行带匀式交互布局），以稻（或麦）作物生长中在空行带内的中耕替代换茬（即收后、播前）时的土壤耕翻，麦、稻作物实行带状方式交互式衔接，通过空行带的中耕施肥等措施营造出有利于后茬作物生长耕层土壤肥力环境（如图 10 – 1）。

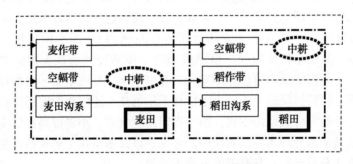

图 10 – 1　稻麦互套式种植示意图

稻麦互套耕作模式的主要技术特征：①在"麦—稻"两熟制田块形成作物带和空行带的带状结构，一个（作物带 + 空行带）构成一个组合，一个组合宽（即带型）60 厘米左右（作物带宽 20 ~ 25 厘米、空行带宽 35 ~ 40 厘米），麦子可线条播（即宽行行距为 35 ~ 40 厘米、窄行行距 20 ~ 25 厘米）或带状撒播（麦带 20 ~ 25 厘米、空幅带 35 ~ 40 厘米），水稻可宽窄行栽插（即宽行行距为 35 ~ 40 厘米、窄行行距 20 ~ 25 厘米）或摆栽、点抛（稻带 20～25 厘米、空幅带 35～40 厘米）。②麦子收获后种植水稻，实现作物带和空行幅带互换，即麦带转换成稻田的空行带、麦田的空行带转换成稻带。③稻麦两熟共用麦田一套沟系，麦收后、植稻前的不进行土壤耕翻。④稻麦秸秆采用留高茬原位还田、埋沟还田、覆盖还田等方式全量还田，麦子秸秆采用留高茬、埋沟相结合的方式还田，水稻秸秆采用埋沟、畦面覆盖相结合方式还田。⑤实现条带状的耕作与施肥等方式管理。

2. 技术优势

（1）可实现稻麦秸秆的全量还田。稻麦互套种植为稻麦秸秆全量还田提供了一个有效的技术途径。水稻秸秆采用麦间主体覆盖还田方式（少部分覆盖在麦幅内），即水稻机械收割、其稻秸机械粉碎，粉碎后稻秸主体部分覆盖在麦田空幅内，麦田空幅内通过冬翻冻土、春翻晒土、有机培肥等耕翻环节，将稻秸翻耕入土。小麦秸秆采用留高茬还田和沟埋还田相结合的复合式还田方式，即小麦留高茬收割，小麦留高茬后麦秸其余部分埋入麦田墒沟中。可见，该技术实现了稻麦秸秆免耕式全量还田，具有节能、降本功效。

（2）可持续地提高稻田耕地质量。稻麦互套种植的技术特色是强调中耕作业，尤其是麦田空幅内的冬耕、春翻作业，使其耕翻深度能够达到 15～20 厘米，有效地解决稻田长期免少耕以及长期化肥浅施等措施，所造成耕层变浅和耕地质量持续下降的困惑。特别需要一提的是，麦秸墒沟填埋还田采用隔年转换，在 6～8 年时间墒沟位置轮换之后，稻田土壤 20 厘米左右深度的有机质将显著增加，土壤理化性状也将明显改善。

（3）可推进麦田多元化高效种植。稻麦带状互套种植，麦田在麦幅间留有一定的空幅，这为麦田多元种植提供了可能。麦田留空幅的目的是通过耕翻土壤、深层培肥（通过冬春季增施有机肥并结合水稻秸秆耕翻还田等来实现）等措施，为下茬水稻的根系生长营造良好的土壤环境，而在麦田秋冬季空幅内可栽种短季蔬菜（如青菜等）、经济绿肥（如黄花苜蓿、豌豆等），将麦田空幅变成秋冬蔬菜间作行，实现粮菜结合多元种植，提高麦田效益。

（4）可挖掘麦稻均衡增产增效潜力。稻麦互套种植为小麦和水稻超高产栽培提供了一条可行的技术方案。一是有效地缓解了季节紧张的矛盾，水稻能适时早播早栽，小麦能适期早播；二是麦稻均实现扩行种植，通风透气性好，通过"壮个体、高积累"，充分利用分蘖成穗特性，实现群体质量栽培；三是麦田预留的空幅（或间作行）通过冬春耕翻、有机培肥，为水稻生长提供了高质量的耕作土层；四是麦田墒沟在稻季用于填埋秸秆，仍能在稻田水浆管理过程中发挥作用，沟埋秸秆还具有吸附氮、磷等养分功能，降低稻田排水过程中氮、磷等养分流失，控制稻田面源污染。此外，该技术还具有鲜明的带状耕作、栽种、施肥等特点，节工、节种、节水、节能效应明显。

3. 高产途径

稻麦互套种植技术模式，无论水稻还是小麦，基本苗少。实现其增产的技术途径是：以健壮、匀质的秧苗为基础，控制好田间种植规格，防止稻麦空幅过大，土壤肥沃、苗质好的稻、麦空幅以 35～40 厘米为例（最宽处不能超过 40 厘米）；以促进稻、麦分蘖早生快发为核心，搞好田间管理；在稳定穗数的基础上，重施穗肥，主攻大穗，提高结实率和粒重。

（二）品种选用与茬口衔接

1. 品种选用

稻麦互套式耕作秸秆还田技术，能够实现水稻适时早栽、早发和小麦的适期早播，生产上应选择生育期长、增产潜力大的品种。

注意优先在省推介的主推品种中选择适合本地的优良品种。不同区域的水稻主推品种参照第一部分、小麦主推品种参照第六部分。由于该技术以稀播壮蘖壮株大穗为高产途径，小麦品种选用以中、强筋型为宜。

2. 茬口衔接

小麦作物确保在适期播种范围内早播。江苏省小麦适期播种范围，淮北地区半冬性小麦品种于 10 月 1~15 日，半冬偏春性品种于 10 月 10~25 日，淮南地区苏中麦区为 10 月 25 日至 11 月 5 日，苏南麦区为 11 月上旬。在上述适期播种范围内，可以实现早播，从而有效利用冬前热量资源，形成小麦多蘖、壮苗越冬。

本技术在小麦收获后至水稻适栽期的间隔期短（通常情况下只有 2~4 天），因而可以实现水稻早栽的目标。高产栽培时，水稻作物应该以适时早播、壮苗早栽，以促进分蘖早发和形成足穗为原则，结合具体的稻作方式、品种类型和小麦收获期，确定适宜的播种期。

（三）小麦配套管理

1. 整地施肥

（1）第一年。采用稻麦互套式耕种，常年为条带状耕作，由于缺乏常规稻作中的耕地、整平等环节，生产上要求田块整平。结合旋耕整地施足基肥，基肥要求有机肥无机肥相结合，氮磷钾相结合。通常每亩施用45%复合肥（N、P_2O_5、K_2O 含量分别为15%）25～35千克，加尿素5～8千克，再加腐熟有机肥1 000千克。

（2）第二年及其之后。于水稻收获前0～2天，在稻田的宽行（宽窄行种植田）或空幅（窄稻幅宽空幅种植田）内把土壤理平，与此相结合施好基肥。基肥条带状施在稻行间的空幅内，基肥施用参照第一年。

2. 小麦播种

（1）第一年。小麦即可采用宽窄行播种，或是窄麦幅、宽空幅种植。宽窄行种植时，窄行距20～25厘米，宽行距35～40厘米，最大宽度不宜超过40厘米。小麦与常规的撒播小麦或25厘米行距机条播小麦相比，在适宜品种（多穗或中穗型）、适宜环境（中高肥力条件和适期早播）等情况下，产量不减或是略有增加，还可用来间套冬春早熟蔬菜等。

为了促进小麦种子后熟，提高发芽率，播种前应晒种2～3天。并应用多效唑等生长延缓剂进行种子包衣、浸种或拌种，以矮化植株增加分蘖，控制旺长促进苗壮，增强抗逆性。生产上通常采用拌种方法。这类药剂有多效唑、矮苗壮、壮丰安、矮壮素和烯唑效。使用多唑效时，将15%多效唑可湿性粉剂5～8克或矮壮苗15克，对水1.5千克拌种7.5千克，阴干后播种。拌种时要注意种药拌匀，防止局部药量过大，影响麦苗生长。具体方法应参照产品说明书进行规范使用。

小麦采用条带状播种，生产上应适当降低播种量，其播种量以常规方式的75%～80%为宜。

播后覆盖水稻秸秆，麦子播种后将粉碎的水稻秸秆覆盖畦面。通常将70%～80%的秸秆覆盖在麦田空幅内，结合在空幅内冬耕冻土、春翻晒土将秸秆耕翻入土。其余的20%～30%稻秸均匀覆盖在小麦播种行内（覆盖麦种）。

（2）第二年及其之后。在稻田宽行（宽窄行种植田）或空幅（窄稻幅宽空幅种植田）内施肥整地后播种小麦（水稻收获前0～2天）。小麦播种日期应安排在小麦播种适期范围内（切忌过早播种）。要求适墒播种，前茬水稻成熟后期要搞好田间水浆管理，根据天气和墒情及时灌水和断水，避免在地表干裂或田间有明显积水的情况下播种，以影响小麦正常吸涨萌动。如果水稻生长后期干旱，套播前应及时灌一次跑马水，增加土壤湿度，既有利于水稻活熟到老，又能使麦种吸足水分，做到正常出苗，争取全苗。小麦播幅为20～25厘米（小麦播幅最窄处不能小于20厘米）。播种前，按常规要求搞好晒种和拌种（浸种）处理。生长上适当提高留茬高度（≥10厘米），且稻草须切碎（碎秸秆长度以5～6厘米为宜）匀铺，为防治水稻秸秆覆盖过厚，小麦播种行内（覆盖麦种）的秸秆理出50%～60%堆放在原稻行（留高茬）内，以减轻稻秸压苗损苗及苗弱苗黄程度。

3. 沟系配套

做到内外三沟配套，主沟通河，确保"一方农田、两头出水、三沟配套、四面脱空"，防止烂耕烂种。

外三沟是在前作收获前人工清理开挖，沟系配套，逐级加深。隔水沟深 100 厘米以上，导渗沟深 120 厘米以上，排水沟深 150 厘米以上。确保灌得进，排得出，降得下，排水通畅。

内三沟用机械开沟，竖沟、腰沟、田头沟要逐级加深，沟沟相通。每 2.5 米左右开挖一条竖沟，沟宽 20 厘米，沟深 20～30 厘米；距田两端横埂 2～5 米各挖一条横沟，较长的田块每隔 50 米增开一条腰沟，沟宽 20 厘米，沟深 30～40 厘米；田头出水沟要求宽 25 厘米，深 40～50 厘米。

第一年在小麦播种稻秸匀铺后、第二年及以后在水稻收获秸秆匀铺后，要及时用机械开沟，通过机开沟均匀抛撒沟泥，增加覆盖防冻保苗，生产上根据覆盖情况通过提高内三沟开沟密度和深度，增加沟系取土量和对畦面覆盖，防止露籽现象。

小麦生育期间经常清理沟系，做到"雨前清沟、雨时查沟、雨后理沟"，雨止田干，明不受渍，暗不受害。注意降低外三沟和外河的水位，从而降低麦田地下水位，使麦田的地下水位深度拔节期控制在 0.8～1 米，抽穗后在 1 米以下。

第二年及以后，麦田墒沟位置在上年开沟位置上平移 1 米左右，以达到逐年轮换、通过填埋麦秸加深耕层的目的。麦田墒沟在稻季用于填埋小麦秸秆，待 6～7 年墒沟轮换后，逐步加大麦田墒沟深度，以有效丰富耕层有机质。

4. 适时中耕

麦田中耕，在出苗后至拔节前分期进行（3 次左右），越冬前结合施腊肥（迟效性的畜禽粪灰或是各类堆肥）和稻草翻埋中耕 1~2 次，返青期至拔节前再中耕 1 次，可采用耕幅 30 厘米的中耕机作业，中耕时必须确保耕翻质量，耕深逐步增加，苗期耕深为 5~10 厘米，越冬期耕深 10~15 厘米，返青期耕深 15 厘米左右，多次的中耕使土壤、秸秆和有机肥料融合，熟化并培肥耕层。

麦田秋冬季空幅内可栽种短季蔬菜（如青菜等）、经济绿肥（如黄花苜蓿、豌豆等），按优质高产生产要求进行管理，蔬菜产品可在元旦至春节期间采收上市，其余部分在小麦返青期耕翻还田。

5. 合理追肥

亩产 400~500 千克产量水平下，一般每亩施氮肥（N）15~18 千克，氮（N）、磷（P_2O_5）、钾（K_2O）配比约为 1 :（0.5~0.6）:（0.5~0.6）。亩产 500 千克以上产量水平下，一般每亩施氮肥（N）16~20 千克，氮（N）、磷（P_2O_5）、钾（K_2O）配比约为 1 :（0.6~0.8）:（0.6~0.8）。按照肥料运筹总体方案，以促早蘖、攻足穗为要求合理追肥。

3 叶期前后使用壮蘖肥，通常每亩施用尿素 3.5~4 千克，捉黄塘、促平衡，促进麦苗早分蘖，早发根，形成冬前壮苗。越冬期在小麦空幅内普施迟效性的畜禽粪灰或是各类堆肥，结合中耕翻入土层，培肥耕作层，通常每亩施用 1 000~2 000 千克。

重施拔节孕穗肥。拔节肥应掌握在倒 3 叶期，即叶色褪淡、高峰苗下降、基部第一节间基本定长第二节间开始伸长时施用，每亩施用 45% 复合肥（N、P_2O_5、K_2O 含量分别为 15%）20~25 千克。孕穗肥通常在剑叶抽出一半时施用，每亩施用尿素 7 ~ 8 千克。此外，小麦高产栽培时，在灌浆结实期叶面喷施 0.2% ~ 0.3% 磷酸二氢钾、1% ~ 2% 尿素溶液，能提高粒重和籽粒蛋白质含量。

6. 防倒防冻

（1）倒伏预防。群体较大田块于拔节初期，可用矮苗壮 60 克/亩或 15% 多效唑可湿性粉剂 50 ~ 70 克/亩进行叶面喷雾，要求喷雾均匀，不可重喷。

（2）冻害预防。适期播种、培育壮苗，用多唑效、矮苗壮等药剂拌种等措施，防控冻害的发生。

（3）冻害补救。小麦春季冻害发生后，要在低温后 2 ~ 3 天及时调查幼穗受冻的程度，对茎蘖受冻死亡率超过 10% 以上的麦田及时追施恢复肥。冻死率在 10% ~ 30% 的麦田，每亩增施尿素 5 千克左右；冻死率超 30% 的麦田每递增 10%，每亩增施尿素 2 ~ 3 千克，上限值不超过 15 千克，争取动摇分蘖和后发生的高节位分蘖成穗，以减轻产量损失。

7. 病虫草害防治

要加强田间病虫害的调查测报及其防治工作。推广应用以麦作丰产、优质、保健栽培为基础，结合农业防治，坚持病虫害防治指标、科学使用农药、保护利用自然天敌控制作用的麦作病虫害综合防治体系。化学防治时，严禁使用国家禁用的农药，要选准药种、用准药量。在肥料农药使用种类、使用浓度、时间等方面按照《生产绿色食品的农药使用准则》，保证产品安全性。具体病虫草害防治的推荐农药品种及其注意事项参照第六部分。

8. 小麦留高茬收获

小麦高留茬机械收获，秸秆留茬高度30厘米左右，其余的小麦秸秆机械粉碎后就地留田，疏理埋入麦田墒沟。通过麦秸高留茬收获，以控制粉碎的秸秆量，从而保证麦田墒沟能够全量填埋。

（四）水稻配套管理

1. 水稻育秧

稻麦互套式种植，水稻应实现宽窄行栽插，宽行行距为35～40厘米，窄行行距20～25厘米，即在麦田空幅内窄行种植两行水稻，而跨行（留高茬麦秸间）构成水稻宽行；或在麦田空幅内点抛，点抛时的稻幅宽20～25厘米，则跨行（留高茬麦秸间）的空幅带35～40厘米。水稻栽插时可采用肥床旱育秧，以延长育秧秧龄、并促进分蘖在大田期暴发生长，也可采用塑盘旱育秧培育带土秧苗；摆栽或点抛时宜采用塑盘旱育秧，培育带土秧苗，以有利于大田立苗、并促进大田期早发。无论是肥床旱育秧、还是塑盘旱育秧，生产上应根据大田移栽期和适宜的秧龄，确定具体的育秧播种期。肥床旱育健壮秧苗的适宜秧龄30～40天，采用肥床旱育秧方式时，育秧播种期应是大田移栽期前移35天左右；塑盘旱育健壮秧苗的适宜秧龄20～30天，采用塑盘旱育秧方式时，育秧播种期应是大田移栽期前移25天左右。

（1）苗床培肥。肥床旱育秧秧池应选择地势高爽、土壤肥沃、排水良好的旱地或水稻田，尽量不选用地势较低的老秧田，秧大田比例 1：（20～25）；塑盘育秧应选择土壤肥沃、排水良好、靠近大田和水源的稻田，秧大田比例 1：（40～45）。秧池应尽量集中，实现规模连片育秧。搞好苗床培肥。

（2）制作秧板。肥床旱育秧一般按照畦宽 140～150 厘米、沟宽 20～30 厘米、沟深 20 厘米的标准制作苗床，将床土敲碎整平，同时将酥松沟土或田埂土过筛作盖籽土，每亩备足 7 500～9 000 千克。为了达到雨止田干，内外沟系要配套，外围沟宽 30 厘米、深 50 厘米。塑盘育秧要按照畦宽 140 厘米，可放两排秧盘，沟宽 20～30 厘米，沟深 20 厘米的标准制作秧板，播前 2 天做好秧板，秧板要求"平、光、浆（板面有泥浆）"，无杂物、无脚印塘，沟直、沟清。

（3）种子处理。播前做好晒种、选种、浸种、消毒等工作，以提高发芽率、整齐度，减少种皮带病。浸种要与药剂处理相结合，有效控制恶苗病、干尖线虫病、条纹叶枯病、黑条矮缩病等。为提高出苗率和整齐度，旱育秧只浸种不催芽。塑盘育秧催芽至露白。

（4）均匀播种。旱育秧每亩秧田播种量常规稻为 30～35 千克（杂交稻为同秧龄常规稻播种量的 60%～70%），播种前苗床要喷足底墒水，按畦播种，播后压实，再均匀撒盖 1 厘米厚的盖籽土，盖土后喷一次透水，再进行化除，最后盖膜、盖草，保温保墒促齐苗，齐苗后及时揭膜练苗。塑盘秧每亩大田用种量 2.5～3 千克，有条件的尽量采用机械流水线播种，提高播种均匀度。

（5）秧田肥水管理。水稻种子出苗后，即进入秧田管理期，重点抓好肥水管理和病虫害防治工作。①肥床旱育秧。3 叶期前，保持床土湿润，3 叶期后严格控水，看苗补水。当秧苗中午卷叶傍晚能舒展时可以不浇水，但傍晚前叶片还不能舒展吐露的，应在第二天上午及时补水（切忌中午浇冷水），达到控上促下，育出根系发达、矮壮老健的旱育秧苗。1叶1心期施断奶肥，亩用尿素7.5～10千克，3叶期施长粗肥，亩用尿素7.5千克左右，4叶期后酌情补肥。每次追施肥料必须加水对成1%左右肥液均匀洒施，严防肥害烧苗。②塑盘秧。育秧播后至1叶1心期保持畦面湿润，1～3叶期以浅水、湿润为主，3叶期后严格旱管，看苗补水，当秧苗发生卷叶到第二天早晨尚未完全展开再补水。秧田后期如遇连续阴雨，须及时排水降渍，防止肥水碰头秧苗窜高；如遇连续干旱，须在起盘前1天补浇送嫁水（不宜灌水，否则起盘困难，易损坏秧盘），以免根球松散。1叶1心期和起秧前2～3天，建立水层后每次亩施尿素4～5千克。

（6）病虫草害防治。根据植保部门发布的信息，及时防治秧田期病虫草害，重点把握好秧田一代灰飞虱的防治，控制条纹叶枯病和黑条矮缩病的发生，同时注意兼治一代螟虫、稻蓟马等病虫的为害。移栽前2～3天要注意用好"送嫁药"，做到带药移栽。

2. 整地、填埋麦秸

水稻收获后及时清理并拓深田间墒沟（墒沟宽度和深度均要求达20厘米以上），将清理出墒沟土壤集中堆放墒沟一侧，随后将麦田空幅内的小麦秸秆在墒沟中填埋并压实，并在墒沟压实秸秆上面回覆清出的墒沟泥土。稻田翻耕泡水前，在疏理好秸秆的空幅内施好基肥。基肥施好后翻耕入土并放水泡田。泡田时，要控制好泡田水量，通常以达到水稻栽插时0.5～2厘米薄水层（定向点抛时0.5～1厘米、手栽时1～2厘米）为宜。切忌水量过大（以免过大后排水造成肥料流失）。泡田后在留高茬麦秸的行间将土壤耙平，同时将留高茬麦秸向内收拢，以便于水稻栽插作业。

3. 水稻移栽

采用人工手栽或是摆栽方式的，在理平的麦秸空幅内，居中栽插两行，行距 20～25 厘米，窄株种植，株距 10～12 厘米，每穴栽植 2～4 苗，肥床旱育秧手栽时，苗龄 30 天左右栽 2～3 苗，苗龄 35～40 天栽 3～4 苗。栽插时，田面保持薄水层，这样可以掌握株距一致，插得深浅一致，插得浅、插得直，不漂秧，不缺穴，返青也快。插秧时气温较低的，水层可以浅些（一般 1～2 厘米）；而气温较高的，为避免搁伤秧苗，应根据苗高适当加深水层（一般 3 厘米为宜）。

采用点抛方式的，田间保持 0.5～1 厘米厚的水层，在理平的麦秸空幅内点抛，稻幅宽度为 25 厘米为宜（不能少于 20 厘米），以防空幅过大而影响产量，每亩抛栽 4 万～5 万苗，密度 1.2 万～1.6 万穴。点抛前，先调查每盘平均秧苗穴数，根据计划密度，按既定秧盘数抛足，防止因秧苗倒伏而误认为密度过大而减少抛秧量。为有利于秧苗点抛后缓苗活棵，要求晴天在下午抛，阴天和小雨天全天抛，大风大雨暂备用不抛，确保抛匀、抛足。

在麦秸空幅行栽插（点抛）时，除确保小行距（或稻幅宽）不少于 20 厘米外，还要兼顾到相邻麦秸空幅间稻株情况，确保跨麦秸两侧的大行距（或空幅宽）35 厘米左右，最宽处不能超过 40 厘米。

4. 肥水管理

以促分蘖早发、形成足穗大穗为核心，搞好水稻大田期肥水管理。

　　肥料管理方面，做到增施有机肥和平衡配方施肥。一是增施有机肥。增施有机肥和在保证水稻正常生长的前提下尽可能地减少化学肥料的施用，是水稻高产、优质生产的一个施肥原则。稻田增施有机肥对于稻田的综合肥力、优化稻田环境、提高产量和改善稻米品质都有十分重要的作用。二是要平衡配方施肥。平衡配方施肥的核心是调节和解决水稻需肥与土壤供肥之间的矛盾，同时有针对性地补充水稻所需的营养元素，做到缺什么就补什么，需要多少就补多少，实现各种养分平衡供应，满足作物的需要。

　　平衡配方施肥时，在运用斯坦福（Stanford）公式，即"氮素施用量（千克/亩）=（目标产量需 N 量 - 土壤供氮量）/ 氮肥当季利用率"来确定总施氮量基础上，增施磷、钾、硅以及微肥等，$N:P_2O_5:K_2O$ 比例要求达到 $1:0.5:0.7$（具体田块的磷、钾肥的施用比例参照测土配方施肥方案而定）。无论是基肥或是追肥均在稻株行施用，由于实现条带状施用，以便于水稻根系吸收利用，从而有利于提高肥料利用率，每亩施氮总量比全田式均匀施肥方式减少 2 千克左右（比习惯施肥平均调减 4~5 千克）。从品质调优和产量提高两方面综合考虑，通常情况下，目标亩产 600~650 千克，化学氮肥（N）每亩用量要控制在 18~19 千克以内（比习惯施肥平均调减 3 千克左右）；目标亩产 650~700 千克，每亩施氮量控制在 19~20 千克；目标亩产 700~750 千克，每亩施氮量控制在 20~21 千克。氮肥施用时，前后期施氮比例调整为（5~6）:（5~4）。分蘖肥于移栽后 5~7 天施用，穗肥于倒 4 叶期和倒 1.5 叶期分两次施用；磷肥 100% 作基肥；钾肥 50% 作基肥，50% 作促花肥。对有机肥用量大的田块，要根据有机肥施用情况酌情调减化学氮肥用量。

水分管理方面，实现节水好气灌溉，发根促蘖。肥床旱育手栽稻，水稻秧苗移栽后，旱育秧苗根系活力强，在湿润条件下发根速度和分蘖发生加快，几乎没有缓苗期，通常情况下不需要深水护秧，但注意不能断水受旱。摆栽或点抛，栽后阴天可不上水，晴天上薄水，晚上适当露田，2~3天后断水落干，促进扎根立苗。点抛后如遇大风大雨天气，做好"平水缺"，以及时排出田间积水，防止深水漂秧。活棵后做到浅水勤灌，宜建立1~3厘米的浅水层，促进分蘖，并注意适当露田。由于稻田保持了一套完整的埋草墒沟，有效提高了稻田水分调控的效率。在整个水稻生长期间，除水分敏感期和用药施肥时采用间歇浅水灌溉外，一般以无水层或湿润灌溉为主，使土壤处于富氧状态，促进根系生长，增强根系活力。

具体的肥水管理方案，采用肥床旱育人工栽插植稻方式的参照第三部分，采用塑盘育秧栽秧（点抛）植稻方式的参照第二部分。

5. 病虫草害防治

根据区域水稻生产基地环境质量及不同层级（无公害、绿色与有机）清洁生产目标，严格执行不同层级病虫害防治技术标准，坚持"预防为主，综合防治"的原则，充分利用农业防治、生物防治和化学防治等措施，从稻田生态系统出发，综合考虑有害生物、有益生物及其他中性生物等环境因子，协调农业防治、物理防治、生物防治和化学防治，充分发挥作物、天敌、环境的综合效应，创造和形成一个有利于水稻生长和发育而不利于病虫害发生、发育的稻田生态系统，将病虫草害损失控制在经济允许水平以下，保证水稻高产、优质、低成本、（少）无害。农业防治措施主要有因地制宜选择抗性强的品种等；物理防治主要措施有育苗期防虫网覆盖和采用黑光灯、频振式杀虫灯等诱杀；生物防治主要是利用害虫天敌、应用生物农药等。稻田草害化除方面，选用安全高效除草剂于抛栽后 3~4 天和无效分蘖期通过两次高效化除技术基本消除杂草为害。对突发与常发病虫害，采用高效安全药剂，准量准时保质施药，特别应高度重视水稻条纹叶枯病、黑条矮缩病、纹枯病等综合防治。化学防治时，严禁使用国家禁用的农药，要选准药种、用准药量。具体病虫草害防治的推荐农药品种及其注意事项参照第一部分。

主要参考文献

［1］刘建. 优质小麦高产高效栽培技术（第二版）. 北京：中国农业科学技术出版社，2014.

［2］刘建. 优质水稻高产高效栽培技术（第二版）. 北京：中国农业科学技术出版社，2013.

［3］张坚勇. 水稻高产创建与无公害生产技术. 南京：江苏人民出版社，2011

［4］周振元，陈勇. 小麦高产创建与无公害生产技术. 南京：江苏人民出版社，2011.

［5］何旭平，曹爱兵，孙玲玲. 有机稻栽培技术研究与应用. 南京：东南大学出版社，2011.

［6］姜道远，徐顺年. 水稻全程机械化生产技术与装备. 南京：东南大学出版社，2009.

［7］刘建. 区域优势作物高产高效种植技术. 北京：中国农业科学技术出版社，2008.

［8］朱德峰，石庆华，张洪程. 超级稻品种配套栽培技术. 北京：金盾出版社，2008.

［9］刘建，魏亚凤，杨美英. 稻麦带状互套耕作模式及其高产高效种植技术. 金陵科技学院学报，2008，24（3）.

［10］于振文. 现代小麦生产技术. 北京：中国农业出版社，2007.

［11］苏祖芳，周纪平，丁海红. 稻作诊断. 上海：上海科学

技术出版社，2007.

[12] 杜永林. 无公害水稻标准化生产. 北京：中国农业出版社，2006.

[13] 葛自强，戴廷波，朱新开. 无公害小麦标准化生产. 北京：中国农业出版社，2006.

[14] 郭文善. 优质弱筋专用小麦保优节本栽培技术. 北京：中国农业出版社，2006.

[15] 曹卫星，郭文善，王龙俊等. 小麦品质生理生态及调优技术. 北京：中国农业出版社，2005.

[16] 张培江. 优质水稻生产关键技术百问百答. 北京：中国农业出版社，2005.